计算机辅助绘图
（AutoCAD 2018）

主　编　葛志宏　刘　霞　牟思惠
副主编　刘珍来　赵文雅
参　编　郑孟冬　王　鹃　陈靖方　刘　波
主　审　刘昭琴　汤　平

U0324497

北京理工大学出版社
BEIJING INSTITUTE OF TECHNOLOGY PRESS

内 容 简 介

本书融入了当前的教材改革先进理念，体现了"项目导向，任务驱动""理实一体"和"课证融合"三大特色。本书在内容选取时，充分分析了 AutoCAD 高级职业技能鉴定标准。全书分为七大项目：AutoCAD 2018 中文版环境认知、图层的创建与应用、平面图形的绘制与编辑、图块与设计中心的应用、平面精确绘图与尺寸标注、三维绘图与尺寸标注、机械图绘制。课程内容以项目为载体，所选项目内容与以往认证考试真题极为相似，且难度大于认证考试真题难度，便于考生有针对性地进行系统训练和复习。

本书内容安排由浅入深、轻松易懂，主要适合 AutoCAD 初、中级用户阅读，可作为本科、高职院校的教材，也可作为 AutoCAD 认证培训教材及自学参考资料。

图书在版编目（CIP）数据

计算机辅助绘图：AutoCAD2018 / 葛志宏，刘霞，牟思惠主编. --北京：北京理工大学出版社，2021.9
ISBN 978-7-5763-0306-3

Ⅰ. ①计…　Ⅱ. ①葛…　②刘…　③牟…　Ⅲ. ①AutoCAD 软件－高等职业教育－教材　Ⅳ. ①TP391.72

中国版本图书馆 CIP 数据核字（2021）第 184686 号

出版发行 / 北京理工大学出版社有限责任公司
社　　址 / 北京市海淀区中关村南大街 5 号
邮　　编 / 100081
电　　话 / （010）68914775（总编室）
　　　　　（010）82562903（教材售后服务热线）
　　　　　（010）68944723（其他图书服务热线）
网　　址 / http://www.bitpress.com.cn
经　　销 / 全国各地新华书店
印　　刷 / 唐山富达印务有限公司
开　　本 / 787 毫米×1092 毫米　1/16
印　　张 / 15.5　　　　　　　　　　　　　　　　　责任编辑 / 多海鹏
字　　数 / 358 千字　　　　　　　　　　　　　　　文案编辑 / 多海鹏
版　　次 / 2021 年 9 月第 1 版　2021 年 9 月第 1 次印刷　责任校对 / 周瑞红
定　　价 / 75.00 元　　　　　　　　　　　　　　　责任印制 / 李志强

前言

AutoCAD 是美国 AutoDesk 公司开发研制的一种通用计算机辅助设计软件包，随着其版本的不断更新、功能的不断完善和强大，日益成为工程类专业领域中最流行的绘图工具，在机械、建筑、电子、纺织、化工、地理和航空等领域得到了广泛的应用。

本教材是基于 AutoCAD 2018 版本软件编写的，是国家双高专业建设项目中课程改革的系列成果之一。本教材融入了当前高等院校教材改革的先进理念，具有三个鲜明特色：一是"课证融合"，教材在编写过程中，仔细分析了 AutoCAD 高级职业技能鉴定标准，精心选取了例题，所选例题与以往 AutoCAD 高级认证考题相似，便于学生考取 AutoCAD 高级绘图员证书；二是"任务驱动"教学，通过完成指定任务，可熟练掌握命令使用方法和使用技巧；三是"理实一体化"，实现了在操作中学理论、在操作中学方法、在操作中学技巧，使理论与实践密切结合。

本书共有七个项目：项目一进行 AutoCAD 2018 概述；项目二介绍使用图层进行图形文件管理的方法；项目三介绍平面图形的绘制与编辑方法，讲解常用命令的使用方法和使用技巧；项目四介绍属性与图块的应用方法；项目五介绍平面精确绘图与尺寸标注方法；项目六介绍三维绘图与尺寸标注方法；项目七介绍机械图绘制方法。在每一项目结束后都配有小结、练习，供读者及时总结和检验学习效果。

本书内容安排由浅入深，在实例中讲方法、讲技巧，避免了纸上谈兵，轻松易懂，主要适合 AutoCAD 初、中级用户阅读。书中例题与 AutoCAD 高级认证试题一脉相承，故既适合作为教学教材，也可作 AutoCAD 认证培训教材及自学参考资料。同时，本书可作为工业设计人员和 AutoCAD 爱好者的参考用书。

本书由长期从事 AutoCAD 教学的教师合作编写，其中项目一、项目三和项目六由葛志宏编写；项目二由牟思惠编写；项目四由刘霞编写；项目五由刘珍来、王鹃编写；项目七由郑孟冬、赵文雅编写；课后练习由陈靖方、刘波编写；主审刘昭琴、汤平。全书配套信息化资源由刘霞制作。

在编写过程中参考了大量同类书刊，也得到了相关企业技术人员的大力支持与帮助，在此，谨向相关人员表示诚挚谢意。

由于编者水平有限，书中不当和错误在所难免，恳请广大读者批评指正。

《计算机辅助绘图（AutoCAD 2018）》编写组

2021 年 3 月 1 日

目　　录

项目一　AutoCAD 2018中文版环境认知

教学目标

通过本项目的学习，读者对 AutoCAD 2018 中文版会有一个初步的了解。熟悉用户界面，掌握建立、打开、保存文件的方法，掌握如何设置绘图环境，掌握在绘图过程中控制图形显示和精确绘图的方法。

学习重点

◇ AutoCAD 2018 中文版的功能
◇ AutoCAD 2018 新增功能简介
◇ AutoCAD 2018 中文版的用户界面
◇ 图形文件管理
◇ 控制图形显示
◇ 精确绘制图形

任务一　基本功能认知

AutoCAD 是美国 AutoDesk 公司研制开发用于计算机辅助绘图的软件包，是当今世纪领域广泛使用的绘图工具之一。AutoCAD 2018 的功能得到了进一步的提高与完善，深受广大 AutoCAD 用户的青睐，为提高用户的 CAD 应用水平做出了贡献。

AutoCAD 2018 中文版的基本功能主要有以下几个方面：

1. 绘制与编辑图形

利用绘图命令和编辑命令绘制二维图形、三维图形。

2. 创建表格

利用 AutoCAD 2018 可以直接创建或编辑表格，还可以设置表格的样式，以便以后使用相同格式的表格。

3. 标注尺寸

利用尺寸标注命令对已绘出的图形进行尺寸标注。

4. 标注文字

用不同的文字样式，为图形标注说明或技术要求等。

5. 几何约束、标注约束

这是 AutoCAD 2018 新增的功能。利用几何约束，在一些对象之间建立几何约束关系（如垂直约束、平行约束、同心约束等），以保证图形之间的准确位置关系；利用标注约束，可以约束图形对象的尺寸，而且当更改约束尺寸后相应的图形对象也会发生变化，实现参数化绘图。

6. 图形的输入、输出

将不同格式的图形导入 AutoCAD 或将已绘制好的 AutoCAD 图形以其他格式打印输出。

AutoCAD 2018 主要新增功能认知

AutoCAD 2018 的界面与以前的版本相比发生了许多变化，新的界面更加人性化，这里简单介绍一下。

1. 基于任务的工作空间变化

打开"AutoCAD 2018"，经典工作空间不再随附于 AutoCAD 中，而是采用基于任务的工作空间，如图 1-1 所示。

图 1-1　基于任务的工作空间变化

2. "功能区"选项板的变化

打开"功能区"选项板，"功能区"选项板比以前的版本更加优化与规范，并且在选项板上新增了"附加模块""A360""精选应用"选项，如图 1-2 所示。

图 1-2　"功能区"选项板的变化

3. 状态栏上的变化

可以在状态栏上通过单击某些工具的下拉箭头来访问它们的其他设置，如图 1-3 所示。

模型 ⌗ ⣿ ▾ ⌐ ⏁ ▾ ⊬ ▾ ∠ ◻ ▾ ⚑ ⚑ ⚐ 1:1 ▾ ✿ ▾ ✛ ▫ ⛶ ☰

图 1-3　状态栏上的变化

4. "草图设置"对话框的变化

对象捕捉设置也出现了变化，AutoCAD 2018 的"草图设置"对话框相对以前版本，"三维对象捕捉"选项中对象捕捉模式有所不同，如图 1-4 所示。

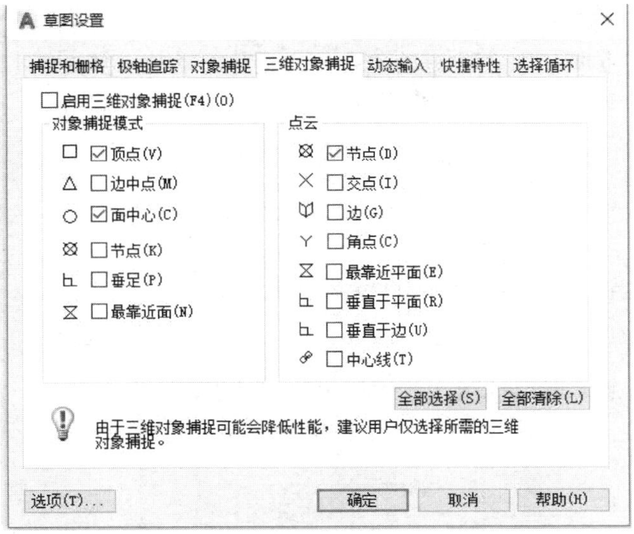

图 1-4 "草图设置"对话框的变化

5. UCS 坐标的变化

在以前的 AutoCAD 版本中，UCS 坐标系是不能被选取的；而在 AutoCAD 2018 中 UCS 坐标系是能被选取的，如图 1-5 所示。将光标移动到坐标系 3 个点的位置，会出现多功能夹点，如图 1-6 所示。通过 View cube 更改、控制 UCS，如图 1-7 所示。

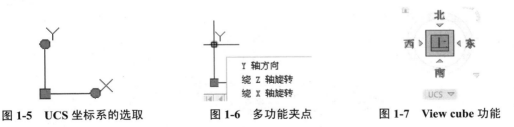

图 1-5　UCS 坐标系的选取　　　图 1-6　多功能夹点　　　图 1-7　View cube 功能

6. 多功能夹点命令的变化

AutoCAD 2018 多功能夹点命令可支持直接操作，能够加速并简化编辑工作。相对以前的版本有很多优化和改进的地方，经扩充后，功能强大、效率出众的多功能夹点得以广泛应用于直线、弧线、椭圆弧、尺寸和多重引线，另外还可以用于多段线和影线物件上。在一个夹点上悬停即可查看相关命令和选项，分别如图 1-8～图 1-10 所示。

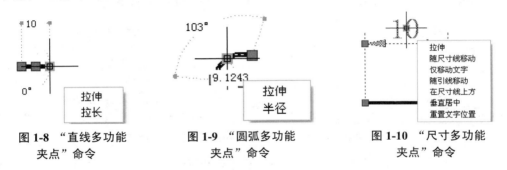

图 1-8　"直线多功能　　　图 1-9　"圆弧多功能　　　图 1-10　"尺寸多功能
　夹点"命令　　　　　　　夹点"命令　　　　　　　夹点"命令

7. 修改工具栏的变化

增加了原来 ET 扩展工具中才有的"重复线删除"功能，如图 1-11 所示。阵列功能增加了沿"路径阵列"命令，如图 1-12 所示。

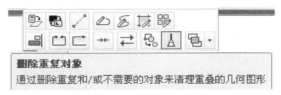

图 1-11 "重复线删除"命令   图 1-12 "路径阵列"命令

AutoCAD 2018 版本较以往版本还增加了很多功能，这里不再一一赘述。总之，其使用的方便程度和人性化的改革比以往版本迭代更为明显，需要新手认真学习，老手进行熟悉和适应。

任务三 AutoCAD 2018 中文版经典工作界面认知

AutoCAD 2018 中文版提供了"草图与注释""三维基础""三维建模"三种基于任务的工作空间。使用工作空间时，只会显示与任务相关的菜单、工具栏和选项板。此外，工作空间还可以自动显示功能区，即带有特定于任务的控制面板的特殊选项板。

在 AutoCAD 2018 软件中，常用的切换工作空间的方法有两种，即利用菜单栏和应用程序状态栏工具进行工作空间的切换，如下所述：

在菜单栏中选择"工作空间"选项，将显示工作空间的切换菜单，如图 1-13 所示。

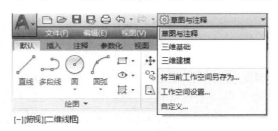

图 1-13 "菜单栏"中的工作空间切换方法

在应用程序状态栏中单击 按钮可切换工作空间，如图 1-14 所示。

图 1-14 "应用程序"状态栏中的工作空间切换方法

图 1-15 所示为 AutoCAD 2018 草图与注释工作界面的主窗口。它主要由标题栏、菜单

栏、功能区选项卡和面板、工具栏、图形窗口（绘图区）、命令行窗口、状态栏、光标、坐标系图标、模型/布局选择卡、滚动条和应用程序菜单等组成。

图 1-15　AutoCAD 2018 中文版草图与注释工作界面

1. 标题栏

标题栏位于用户界面的顶部，左端显示软件名"AutoCAD 2018"，其后是当前图形文件的名称，如果启动 AutoCAD 或当前文件尚未保存，则显示"Drawing1.dwg"。右端显示"最小化""最大化"和"关闭"按钮。

2. 菜单栏

菜单栏位于标题栏的下方，可以从"快速访问"工具栏下拉列表中或通过使用 CUI 来启用菜单栏，以自定义用户界面，如图 1-16 所示，它主要包括文件、编辑、视图、插入、格式、工具、绘图、标注、修改、参数、窗口、帮助这 12 个一级菜单。使用时，单击某一个一级菜单项，即可弹出相应的下拉菜单，某些下拉菜单还含有相应的子菜单，在其中选择相应的命令选项或子菜单，即可执行相应的菜单命令。当鼠标停留在某项菜单命令上时，状态栏给出相应的提示、命令。图 1-17 所示为"修改"下拉菜单。

图 1-16　完整菜单栏

AutoCAD 2018 的下拉菜单有以下几个特点：

（1）在某些菜单命令后有"…"标志，说明选择该命令会打开一个对话框。

（2）在某些菜单命令的最右端有一个黑色小三角，说明选择该命令会打开下一级子菜单。

（3）在某些菜单命令的右侧有带下划线的字母，说明在该菜单打开的状态下按下该字母可以执行该菜单命令。

（4）在某些菜单命令的右端有"Ctrl+字母"，说明在不打开该菜单的状态下按下该组合键即可执行该菜单命令。

3. 功能区选项卡和面板

功能区由一系列选项卡组成，这些选项卡被组织到面板，其中包含很多工具栏中可用的工具和控件。功能区提供一个简洁、紧凑的选项板，其中包括创建或修改图形所需的所有工具。选项卡位于菜单栏的下方，包括默认、插入、注释等，默认面板包含绘图、修改等面板，如图 1-18 所示。移动鼠标到某个按钮上时，该按钮旁出现相应的提示，状态栏上显示相应的提示、命令，单击按钮即可执行相应命令。

图 1-17　菜单栏中的"修改"下拉菜单

图 1-18　功能区选项卡和默认选项卡相应面板

AutoCAD 2018 还提供了许多工具栏，利用这些工具栏中的按钮可以方便地启动相应的 AutoCAD 命令。

1）调出工具栏

在任意工具栏按钮上单击鼠标右键，将弹出"工具栏"快捷菜单，如图 1-19 所示。单击需要调出的工具栏名，出现复选标志"√"，此时该工具栏将被调出到屏幕上，如图 1-20 所示。

2）关闭调出的工具栏

在工具栏快捷菜单中单击某个需要关闭的工具栏名，取消复选标志，即可关闭该工具栏；或在需要关闭的工具栏上单击"关闭"按钮，也可关闭该工具栏。

4. 图形窗口

图形窗口类似于手工绘图时的图纸，位于工具栏的下方，它是用户绘制、编辑图形的区域。使用时，通过鼠标、键盘执行绘图、编辑命令，在图形窗口完成图形的绘制和编辑工作。

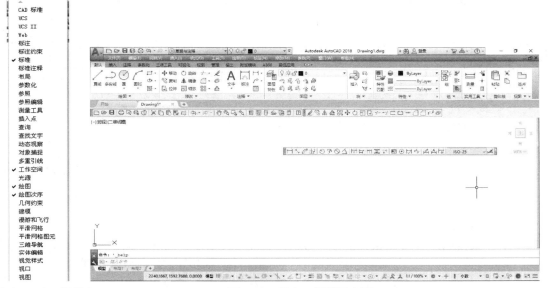

图 1-19　"工具栏"快捷菜单　　　　　图 1-20　调出工具栏示意图

5. 命令行窗口

命令行窗口位于图形窗口的下方，如图 1-21 所示，它是用户输入命令并显示相关提示的区域，使用时，通过键盘、鼠标输入命令，按照命令提示进行操作。

图 1-21　命令行窗口

6. 状态栏

状态栏位于用户界面的底部，用于显示或设置当前光标位置的坐标值和正交、栅格等各种模式状态。使用时，移动光标，坐标值自动更新；单击坐标显示区，可以关闭坐标显示。单击某个按钮可实现启用或关闭对应功能的切换。按钮为蓝色时启用对应的功能，灰色时则关闭该功能。

在捕捉、栅格、正交、极轴、对象捕捉、对象追踪等模式按钮上均可以通过单击右键对模式进行设置。如在"对象捕捉模式"按钮上单击右键，弹出快捷菜单，如图 1-22 所示。选择"对象捕捉设置"命令，弹出"草图设置"对话框，如图 1-23 所示，即可对上述模式进行设置。

在"线宽"按钮上单击鼠标右键，弹出快捷菜单。在

图 1-22　"极轴模式"快捷菜单

快捷菜单中选择"设置"命令，弹出"线宽设置"对话框，如图 1-24 所示，即可对线宽进行设置。

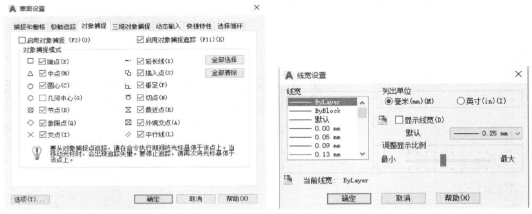

图 1-23 "草图设置"对话框   图 1-24 "线宽设置"对话框

7. 坐标系按钮

坐标系按钮位于绘图窗口的左下角，表示当前绘图使用的坐标系的形式以及坐标方向等。AutoCAD 提供了世界坐标系（Word Coordinate System，WCS）和用户坐标系（User Coordinate System，UCS）。世界坐标系为默认坐标系，且默认时水平向右为 X 轴正方向，垂直向上为 Y 轴正方向。

8. 模型/布局选项卡

模型/布局选项卡用于实现模型空间与图纸空间的切换。

9. 应用程序菜单

AutoCAD 2018 提供有应用程序菜单，单击应用程序菜单，AutoCAD 会将菜单展开，如图 1-25 所示。利用应用程序菜单可以执行 AutoCAD 的相应命令。

图 1-25 应用程序菜单

任务四　文件管理

用户开始绘制一张新图前需要建立新文件，在绘图过程中需要经常保存图形，继续编辑已有图形文件时需要打开该图形文件，结束绘图工作后需退出程序，或者根据需要对文件进行加密设置，这些操作都属于图形文件的管理，它是 AutoCAD 2018 最基础的知识，下面分别加以介绍。

1. 建立新图形文件

◆ 选择下拉菜单：【文件】/【新建】
◆ 单击"快速访问工具栏"中的按钮：
◆ 在命令行输入命令：NEW

系统弹出"选择样板"对话框，如图 1-26 所示。在"文件类型"下拉列表框中有 3 种格式的图形样板，后缀分别是.dwg、.dwt 和.dws。一般情况下，.dwt 文件是标准的样板文件，通常将一些规定的标准性样板文件设成.dwt 文件；.dwg 文件是普通的样板文件；而.dws 文件是包含标准图层、标准样式、线型和文字样式的样板文件。

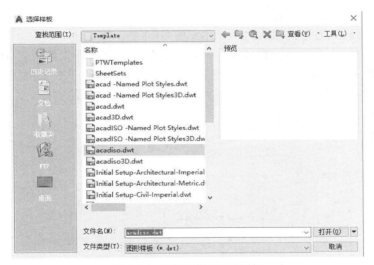

图 1-26　"选择样板"对话框

2. 打开已有图形文件

◆ 选择下拉菜单：【文件】/【打开】
◆ 单击"快速访问工具栏"中的按钮：
◆ 在命令行输入命令：OPEN

系统弹出"选择文件"对话框，如图 1-27 所示。在"查找范围"下拉框中选择打开图形文件所在路径；在"名称"列表框中选择所提供的图形文件；在"名称"列表框右侧可以观看所选图形文件的预览图；在"文件类型"下拉列表框中，用户可选.dwg 文件、.dwt 文件和.dxf 文件，而.dxf 文件是用文本形式存储的图形文件，能够被其他程序读取，许多第三方应用软件都支持.dxf格式；单击"打开"按钮，打开所选图形。

图 1-27　"选择文件"对话框

3. 保存图形文件

◆ 选择下拉菜单：【文件】/【保存】
◆ 单击"快速访问工具栏"中的按钮：
◆ 在命令行输入命令：QSAVE（或 SAVE）

　　若文件已命名，则 AutoCAD 自动保存；若文件未命名（即为默认名 drawing1.dwg），则系统弹出"图形另存为"对话框，如图 1-28 所示。在"保存于"下拉框中选择保存图形文件所在路径，在"文件名"文本框中输入所需保存图形文件的文件名，单击"保存"按钮保存图形文件。

图 1-28　"图形另存为"对话框

4. 密码与数字签名

　　密码有助于在进行工程协作时确保图形数据的安全。尤其是若保留图形密码，则将该图形发送给其他人时，可以防止未经授权的人员对其进行查看。

　　当绘图者准备发布某个图形（如某个许可证图形）时，可以使用 AutoCAD 附加数字签名。要附加数字签名,首先需要从认证机构(如 VeriSign)获得一个数字 ID。

只要图形未被更改,数字签名就有效。接收图形的任何人都可以验证图形是否确实由原始绘图者提供。接收具有无效签名图形的任何人,都能很容易地看出图形自附加数字签名后已被更改。

◆ 在命令行输入命令:SECURITYOPTIONS

系统弹出"安全选项"对话框,如图 1-29 所示。

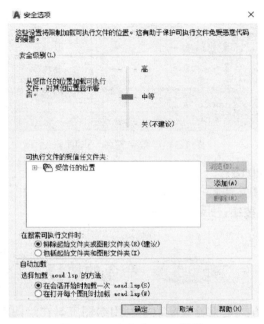

图 1-29 "安全选项"对话框

也可在"图形另存为"对话框中的"工具"下拉菜单中选择"数字签名"选项,如图 1-30 所示。

图 1-30 "图形另存为"对话框"工具"下拉菜单

"数字签名"选项卡用于保存图形时会为图形添加数字签名，如图 1-31 所示。

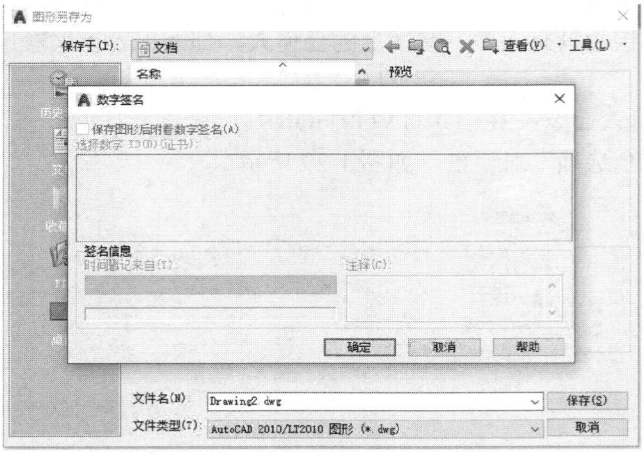

图 1-31 "数字签名"选项卡

5. 退出 AutoCAD 2018

◆ 选择下拉菜单：【文件】/【关闭】

◆ 单击标题栏中的按钮： ✕

退出 AutoCAD 软件。

任务五　命令的执行

　　手工绘制工程图的方式是大脑支配双手利用绘图工具在绘图纸上绘制图形，而计算机绘图的方式是大脑支配双手在计算机屏幕上绘制图形。那么，AutoCAD 是如何接受绘图命令的呢？在 AutoCAD 2018 中，有一些基本的输入操作方法，这些基本的输入操作方法是进行 AutoCAD 绘图必备的知识基础，也是深入学习 AutoCAD 功能的前提。命令的执行方法主要有命令按钮法、菜单法和键盘输入法。

1. 命令按钮法

　　使用鼠标单击工具栏相应命令按钮，调用该命令。例如调用"直线"命令，可单击"绘图工具栏"上的"直线"按钮 ✎ ，从而调用"绘制直线"命令。

2. 菜单法

　　使用鼠标选择菜单，调用命令。例如调用"直线"命令，可单击"绘图"菜单栏下的"直线"命令选项，从而调用"绘制直线"命令。

3. 键盘输入法

　　使用键盘在命令行窗口输入命令名，按"回车"或"空格"键确认，命令字符不区分大小写。

　　例如，绘制如图 1-32 所示图形的操作如下：

命令:line　　　　　　　　　　　　　//调用直线命令

指定第一点:100,100　　　　　　　　 //键盘输入 A 点的绝对坐标

指定下一点或[放弃(U)]:100,50   //键盘输入 B 点的绝对坐标

指定下一点或[放弃(U)]:150,50   //键盘输入 C 点的绝对坐标

指定下一点或[闭合(C)/放弃(U)]:150,100   //键盘输入 D 点的绝对坐标

指定下一点或[闭合(C)/放弃(U)]:c   //键盘输入字母"c",图形闭合,回车确认

A(100,100)   D(150,100)

B(100,50)   C(150,50)

图 1-32   长方形绘制

4. 透明命令

在 AutoCAD 2018 中有些命令不仅可以直接在命令行中使用，而且可以在其他命令的执行过程中插入并执行，待该命令执行完毕后，系统继续执行原命令。这种命令称为"透明命令"。"透明命令"一般多为修改图形设置或打开辅助绘图工具的命令。

5. 命令的重复、撤销、重做

1）重复上一次的命令

单击右键在弹出的菜单中可选择重复上一次执行过的命令。例如重复上一次的直线命令，单击右键，弹出快捷菜单，如图 1-33 所示，选择"重复 LINE（R）"命令。也可在命令行没有命令的情况下直接回车，则重复刚刚执行过的命令。

2）撤销上次操作

◆ 选择下拉菜单：【编辑】/【放弃】

◆ 单击"标准"工具栏中的按钮：↰

◆ 在命令行输入命令：Ctrl+Z

撤销上次操作。

3）重做上次撤销的操作

◆ 选择下拉菜单：【编辑】/【重做】

◆ 单击"标准"工具栏中的按钮：↱

重做上次撤销的操作。

图 1-33   右键弹出的快捷菜单

任务六   设置绘图环境

手工绘制零件图的过程是：首先准备绘图纸和绘图工具；其次，在绘图纸上绘制边框及标题；最后，在绘图纸上绘图、标注尺寸、提出要求、填写标题栏。计算机绘图也有相应的过程。首先要做的就是设置绘图环境，包括设置图幅、图形单位设置和"选项"对话框。

1. 设置图幅

机械制图国家标准规定图纸分为 5 种，即 A0、A1、A2、A3、A4，基本规格如表 1-1所示。

表 1-1　图幅基本规格　　　　　　　　　　　　　　　　　　　　mm

图　　幅	基本尺寸
A0	1 189×841
A1	841×594
A2	594×420
A3	420×297
A4	297×210

◆　选择下拉菜单：【格式】/【图形界限】

◆　在命令行输入命令：LIMITS

以设置 A3 图幅为例，其图幅尺寸是 420 mm×297 mm。

指定左下角点或 [开(ON)/关(OFF)] <0.0000,0.0000>:　　　　//回车确认

指定右上角点 <420.0000,297.0000>:420,297　　　　　//输入 420,297 后回车确认

由此即完成 A3 图幅的设置，如图 1-34 所示。

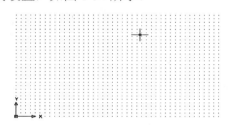

图 1-34　A3 图幅的设置

要使绘制的图形不超出图纸图形范围，可设置图形界限为"打开"状态。

◆　选择下拉菜单：【格式】/【图形界限】

◆　在命令行输入命令：LIMITS

指定左下角点或 [开(ON)/关(OFF)] <0.0000,0.0000>:ON　　　//回车确认

完成以上设置后，则只能在设置的图幅范围内绘图，超出范围则无法绘制，命令行窗口显示"超出图形界限"提示。

2. 图形单位设置

机械制图国家标准默认的单位是毫米，而实际工作中的图形单位是不同的，计算机使用图形单位来计算，用户单位无论为米还是毫米，计算机使用的图形单位均应该是统一的。

◆　选择下拉菜单：【格式】/【单位】

◆　在命令行输入命令：UNITS

系统弹出"图形单位"对话框，如图 1-35 所示。在"长度"选项组中设置长度单位的类型、精度，在"角度"选项组中设置角度单位的类型、精度；单击"方向"按钮，系统弹出"方向控制"对话框，如图 1-36 所示。在"方向控制"对话框中设定基准角度，单击"确定"按钮，系统又回到"图形单位"对话框；然后单击"确定"按钮，完成图形单位的设置。

图 1-35　"图形单位"对话框

图 1-36　"方向控制"对话框

3. "选项"对话框

◆　选项下拉菜单：【工具】/【选项】

◆　在命令行输入：OPTIONS

系统弹出"选项"对话框，如图 1-37 所示。

图 1-37　"选项"对话框（"显示"页标签）

在"选项"对话框中的第二个选项卡为"显示"，该选项卡用于控制 AutoCAD 窗口的外观。

设置光标尺寸和背景：

1）设置光标

打开"显示"页标签，在"十字光标大小"文本框内输入数值，改变光标的尺寸。

2）设置背景

打开"显示"页标签，单击"窗口元素"选项组中的"颜色（C）"按钮，将打开"图形窗口颜色"对话框，如图1-38所示。单击"颜色"字样右侧的下拉箭头，在打开的下拉列表中选择需要的窗口颜色，然后单击"应用并关闭"按钮，此时AutoCAD 2018的绘图窗口变成了窗口背景色，通常按视觉习惯选择"白色"为窗口颜色。

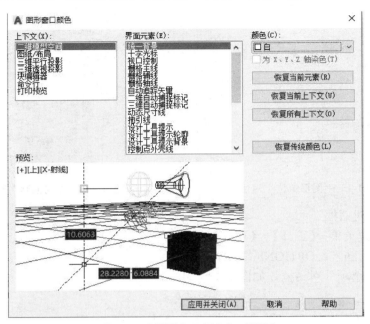

图1-38 "图形窗口颜色"对话框

3）设置文件自动存储时间

打开"打开和保存"页标签，在"文件安全措施"选项组中勾选"自动保存"复选框，在"保存间隔分钟数"文本框中输入时间间隔，如图1-39所示。

图1-39 "选项"对话框（"打开和保存"页标签）

任务七 控制图形显示

使用 AutoCAD 2018 绘图时，经常需要对所画图形进行缩放、平移等操作，以便更好地查看图形。下面对这类操作进行介绍。

1. 缩放图形

1）实时平移

使用"实时平移"命令只平移视图的位置，而不改变图形中对象的相对位置。

◆ 选择【视图】选项卡/【视口工具】面板/【导航栏】（见图 1-40）中的按钮：🖐

◆ 选择下拉菜单：【视图】/【平移】/【实时】

◆ 单击"标准"工具栏中的按钮：👆

◆ 在命令行输入命令：PAN

在屏幕上会出现手形按钮，按住鼠标左键，拖动到所需位置，松开鼠标左键，完成图形的平移。按"Esc"键、"Enter"键退出实时平移，或单击右键在弹出的快捷菜单中选择"退出"命令，如图 1-41 所示。

如果使用三键鼠标，按住滑轮拖动鼠标也可完成实时平移。

图 1-40　导航栏

图 1-41　快捷菜单

2）实时缩放

使用"实时缩放"，不改变图形中对象的绝对大小，只改变视图显示的比例。

◆ 选择【视图】选项卡/【视口工具】面板/【导航栏】中按钮🔍下的黑三角符号/【实时缩放】选项

◆ 选择下拉菜单：【视图】/【缩放】/【实时】

◆ 单击"标准"工具栏中的按钮：🔍

◆ 在命令行输入命令：ZOOM

按住鼠标左键前、后拖动鼠标，则图形可放大、缩小。按"Esc"键或"Enter"键退出实时缩放，或单击鼠标右键，在弹出的快捷菜单中选择"退出"命令。

如果使用三键鼠标，滚动滑轮也可实现实时缩放。

3）窗口缩放

使用"窗口缩放"命令可快速全屏显示所选窗口内的图形。

◆ 选择【视图】选项卡/【视口工具】面板/【导航栏】中按钮 下的黑三角符号/【窗口缩放】选项。

◆ 选择下拉菜单：【视图】/【缩放】/【实时】

◆ 单击"标准"工具栏中的按钮：

◆ 在命令行输入命令：ZOOM

按照视图在屏幕上将需要放大的局部图形框选（按住左键，移动鼠标至合适位置后松开左键），则被框选部分的图形放大至全屏，如图 1-42 所示。

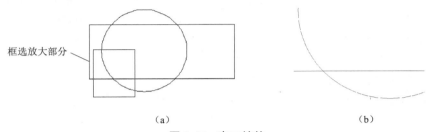

框选放大部分

（a） （b）

图 1-42 窗口缩放

（a）框选；（b）局部放大

图 1-43 缩放范围

4）缩放对象

使用"缩放对象"命令可快捷全屏显示所选对象。

◆ 选择【视图】选项卡/【视口工具】面板/【导航栏】中按钮 下的黑三角符号/【缩放对象】选项，如图 1-43 所示。

◆ 选择下拉菜单：【视图】/【缩放】/【对象】

◆ 单击"标准"工具栏中的按钮：

◆ 在命令行输入命令：ZOOM

按照提示在屏幕上单击选择对象，单击右键进行确认，则所选择对象会全屏显示。

5）全部缩放

使用"全部缩放"命令可快速全屏显示用户定义的图形范围。

◆ 选择【视图】选项卡/【视口工具】面板/【导航栏】中按钮 下的黑三角符号/【全部缩放】选项，如图 1-43 所示。

◆ 选择下拉菜单：【视图】/【缩放】/【全部】

◆ 单击"标准"工具栏中的按钮：

◆ 在命令行输入命令：ZOOM

全屏显示图幅及全部图形。

6）范围缩放

使用"范围缩放"命令可在屏幕上显示所有图形对象。

◆ 选择【视图】选项卡/【视口工具】面板/【导航栏】中按钮 下的黑三角符号/【范围缩放】选项，如图 1-43 所示。

◆ 选择下拉菜单：【视图】/【缩放】/【范围】

◆ 单击"标准"工具栏中的按钮：

◆ 在命令行输入命令：ZOOM

任务八 精确绘制图形

1. 使用坐标方法

数据的输入需要使用坐标系。AutoCAD 采用两种坐标系：世界坐标系（WCS）和用户坐标系（UCS）。用户刚进入 AutoCAD 时的坐标系就是世界坐标系，是固定的坐标系统，绘制图形时多数情况下都是在这个系统下进行的。世界坐标系和用户坐标系的按钮分别如图 1-44 和图 1-45 所示。根据坐标系按钮可以了解当前位于哪个坐标系中。

项目一 AutoCAD 2018中文版环境认知

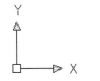

图 1-44　世界坐标系按钮

图 1-45　用户坐标系按钮

在 AutoCAD 中，点的坐标可以用直角坐标、极坐标表示，每一种坐标又分别具有两种坐标输入方式：绝对坐标和相对坐标。

1）绝对直角坐标

绝对直角坐标是指点距离原点在 X 与 Y 方向的位移，其二维坐标形式为 A（X，Y）。使用时，从键盘输入 X、Y 的数值即可。

例如，绘制如图 1-46 所示的平面图形，其操作步骤如下：

图 1-46　绝对直角坐标

命令：line　　　　　　　　　　　　//键盘输入"line"，调用直线命令
指定第一点：100,100　　　　　　　　//键盘输入 A 点的绝对坐标值
指定下一点或[放弃(U)]：150,100　　　//键盘输入 B 点的绝对坐标值
指定下一点或[放弃(U)]：150,50　　　 //键盘输入 C 点的绝对坐标值
指定下一点或[闭合(C)/放弃(U)]：100,50 //键盘输入 D 点的绝对坐标值
指定下一点或[闭合(C)/放弃(U)]：c　　 //键盘输入字母"c"，图形闭合，回车确认

2）相对直角坐标

相对直角坐标是指后一点的坐标相对于前一点的坐标差，其二维坐标形式为 @X，Y。

例如，绘制上例平面图形，其相对直角坐标如图 1-47 所示，其操作步骤如下：

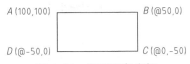

图 1-47　相对直角坐标

命令:line　　　　　　　　　　　　　　　//键盘输入"line",调用直线命令

指定第一点:100,100　　　　　　　　　　//键盘输入 A 点的绝对坐标值

指定下一点或[放弃(U)]:@50,0　　　　　//键盘输入 B 点的相对坐标值

指定下一点或[放弃(U)]:@0,-50　　　　 //键盘输入 C 点的相对坐标值

指定下一点或[闭合(C)/放弃(U)]:@-50,0 //键盘输入 D 点的相对坐标值

指定下一点或[闭合(C)/放弃(U)]:c　　　//键盘输入字母"c",图形闭合,回车确认

3）绝对极坐标

绝对极坐标是指某点与原点的距离以及与 X 轴的夹角，其坐标形式为 $L<\theta$。使用时，用键盘输入 $L<\theta$ 即可。

例如，绘制如图 1-48 所示的平面图形，其操作步骤如下：

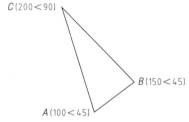

图 1-48　绝对极坐标

命令:line　　　　　　　　　　　　　　　//键盘输入"line",调用直线命令

指定第一点:100<45　　　　　　　　　　 //键盘输入 A 点的绝对极坐标值

指定下一点或 [放弃(U)]:150<45　　　　//键盘输入 B 点的绝对极坐标值

指定下一点或 [放弃(U)]:200<90　　　　//键盘输入 C 点的绝对极坐标值

指定下一点或 [闭合(C)/放弃(U)]:c　　 //键盘输入字母"c",图形闭合,回车确认

4）相对极坐标

相对极坐标是某点相对于上一点的距以及与 X 轴的夹角，其坐标形式为 $@L<\theta$。使用时，用键盘输入 $@L<\theta$ 即可。

例如，绘制如图 1-49 所示的平面图形，具体操作步骤如下：

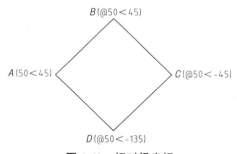

图 1-49　相对极坐标

命令:line　　　　　　　　　　　　　　　//键盘输入"line",调用直线命令

指定第一点:50<45　　　　　　　　　　　//键盘输入 A 点的绝对极坐标值

指定下一点或[放弃(U)]:@50<45   //键盘输入 B 点的相对极坐标值

指定下一点或[放弃(U)]:@50<-45   //键盘输入 C 点的相对极坐标值

指定下一点或[闭合(C)/放弃(U)]:@50<-135 //键盘输入 D 点的相对极坐标值

指定下一点或[闭合(C)/放弃(U)]:c   //键盘输入字母"c",图形闭合,回车确认

2. 使用捕捉

在绘图过程中，为了精确、快速作图，除了使用坐标输入点以外，还可以使用删格、捕捉等辅助绘图工具提高绘图效率。"捕捉"功能可以使光标只停留在图中的删格点上。

1）打开、关闭"捕捉"功能

当"捕捉"按钮按下时为打开状态，捕捉生效；当"捕捉"按钮弹起时为关闭状态。快捷键"F9"可控制"捕捉"开关的切换，或用鼠标单击按钮切换开关状态。

2）设置"捕捉"

在状态栏"捕捉模式"中向下的黑三角符号上单击鼠标左键，弹出快捷菜单，如图1-50所示。选择"捕捉设置"命令，系统弹出"草图设置"对话框，如图1-51所示。设置捕捉间距，一般将捕捉和栅格间距设为相同数值。

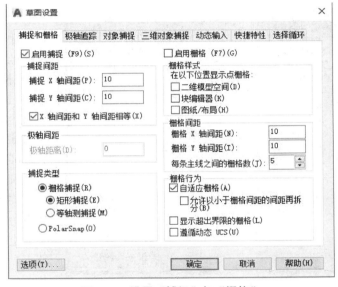

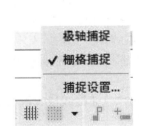

图 1-50　快捷菜单　　　　　　　　图 1-51　设置"捕捉"与"栅格"

3. 使用删格

1）打开、关闭"删格"功能

当"删格"按钮按下时为打开状态，屏幕上显示删格；当"删格"按钮弹起时为关闭状态。

2）设置"栅格"

在"草图设置"对话框中设置栅格间距，如图1-51所示。

4. 使用正交模式

使用正交模式可以快速绘制水平线和垂直线。

可用快捷键"F8"切换"正交"模式的开关，或用鼠标单击状态栏上的"正交"按钮切换开关状态。

5. 使用极轴追踪

使用"极轴"功能可以快速绘制一定角度的直线。

1）打开、关闭"极轴"功能

可使用快捷键"F10"切换"极轴"模式的开关，或用鼠标单击状态栏上的"极轴"按钮切换开关状态。

2）设置"极轴"

调出"草图设置"对话框，选择"极轴追踪"选项卡，如图1-51所示，在极轴"增量角"下拉列表中选择极轴角度值。

6. 使用对象捕捉

使用对象捕捉可以快速捕捉物体上的特殊点，如中点、端点、切点、圆心等。对象捕捉包括对象捕捉和单点捕捉两种方式。

1）对象捕捉

打开"对象捕捉"，系统在光标接近对象上特殊点时，会自动判断捕捉模式并逐个进行捕捉。

图 1-52　设置"对象捕捉"

（1）打开、关闭"对象捕捉"功能。可使用快捷键"F3"切换"对象捕捉"模式的开关，或用鼠标单击状态栏上的"对象捕捉"按钮切换开关状态。

（2）设置"对象捕捉"。在"草图设置"对话框中选择"对象捕捉"选项卡，如图1-52所示，设置对象捕捉模式。可同时选择多个模式，如端点、中点、圆心、切点等。

（3）对象捕捉模式各项的含义如下：

端点（END）：捕捉线段、圆弧的端点。

中点（MID）：捕捉线段、圆弧的中点。

圆心（CEN）：捕捉圆、圆弧的圆心。

节点（NOD）：捕捉用"点"命令绘制的单点、等分点。

象限点（QUA）：捕捉圆、圆弧、椭圆的象限点。

交点（INT）：捕捉对象的交点。

延长线（EXT）：捕捉对象延长线上的点。

插入点（INS）：捕捉对象图块、文字等对象的插入点。

垂足（PER）：捕捉与对象或其延长线正交的点。

切点（TAN）：在对象上捕捉到的切点，它与上一点的连线与对象相切。

最近点（NEA）：捕捉对象上与指定位置最近的点。

外观交点（APP）：捕捉对象的外观交点（包括异面直线在二维中显示的交点、对象延长线上的交点）。

平行线（PAR）：能够绘制一条与已知直线平行的直线。

2）单点捕捉

使用单点捕捉，只能按指定的捕捉模式进行捕捉，并且只能捕捉一次。启动单点捕捉的方法是按住"Shift"键的同时单击鼠标右键，弹出快捷菜单，如图 1-53 所示，在其中选择所要捕捉的模式。

7. 使用对象追踪

使用对象追踪可以借助临时对齐路径精确绘制图形的位置及形状。

可使用快捷键"F11"切换"对象追踪"模式的开关，或用鼠标单击按钮切换开关状态。"对象追踪"一般与"对象捕捉"或"极轴"同时使用。

图 1-53 "捕捉"快捷菜单

小 结

本项目介绍了 AutoCAD 2018 中文版的基础知识，通过这些知识的学习应该熟悉 AutoCAD 2018 界面的组成，掌握新建图形、打开图形、保存图形的方法，熟练控制图形显示，掌握命令输入的基本方法、常用绘图环境的配置。

练 习

一、简答题

1. 如何利用"启动"对话框创建新的图形文件？

2. 利用 AutoCAD 2018 绘图时，如何设置图形界限和绘图单位？

3. 如何改变绘图窗口的背景颜色？

4. 精确输入点方法有哪些？

5. 捕捉功能有哪些？它们的区别是什么？

6. 模型空间和图纸空间的概念是什么？二者之间有何区别？各有什么用途？

7. 缩放命令中全部（A）选项与范围（E）选项有何不同？

8. 鹰眼有何功能？

9. 在自动跟踪中，要想设置 51°角度，如何设置？

二、操作题

1. 用相对极坐标和直线命令绘制题图 1-1 所示图形。

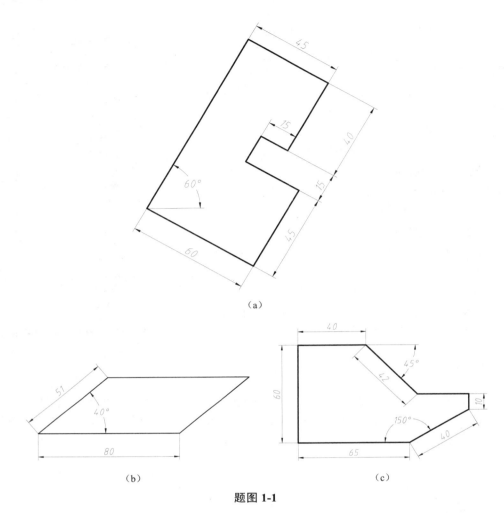

（a）

（b）　　　　　　　　　　（c）

题图 1-1

2. 用直角坐标和直线命令绘制题图 1-2 所示图形。

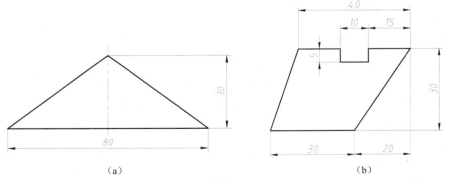

（a）　　　　　　　　　　（b）

题图 1-2

项目二　图层的创建与应用

教学目标

　　本项目主要介绍如何建立图层，如何设置线型、线宽、颜色，如何设置当前层，如何在绘图的过程中更改图线的线型。通过本项目的学习，可以掌握如何创建新图层及设置线型、线宽、颜色的方法，以及利用创建的图层分层绘制复杂图形。

学习重点

◇　创建新图层，设置线型、线宽、颜色等属性
◇　分层绘制复杂平面图形

任务一　图层的建立与设置

1. 图层的概念

　　图层的概念类似投影片，即将不同属性的对象分别画在不同的投影片（图层）上。例如将图形的主要线段、中心线、尺寸标注等分别画在不同的图层上，每个图层可设置不同的线型、颜色，然后把不同的图层堆栈在一起成为一张完整的视图。这样可以使视图层次分明、有条理，方便图形对象的编辑与管理。一个完整的图形就是它所包含的所有图层上的对象叠加在一起，如图 2-1 所示。

　　表 2-1 给出了常用的图层设置。

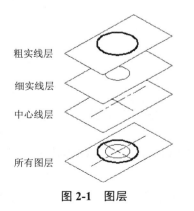

图 2-1　图层

粗实线层
细实线层
中心线层
所有图层

表 2-1　图层设置

绘图线型	图层名称	颜色	AutoCAD 线型	AutoCAD 线宽/mm
粗实线	粗实线	白色	Continuous	0.30
细实线	细实线	白色	Continuous	0.09
波浪线	波浪线	绿色	Continuous	0.09
虚线	虚线	黄色	DASHED	0.09
中心线	中心线	红色	CENTER	0.09
尺寸标注	尺寸标注	青色	Continuous	0.09
剖面线	剖面线	蓝色	Continuous	0.09
文字标注	文字标注	绿色	Continuous	0.09

2. 创建新图层

1）任务分析

创建虚线图层，设置线型、线宽和颜色，如图 2-2 所示。

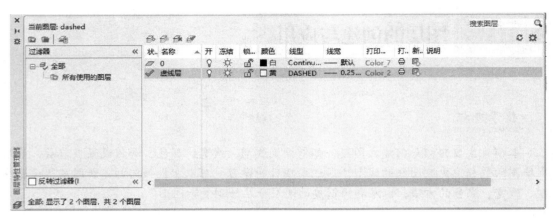

图 2-2　创建虚线图层

2）图层创建过程

（1）创建虚线新图层。

① 打开"图层特征管理器"对话框，如图 2-3 所示。

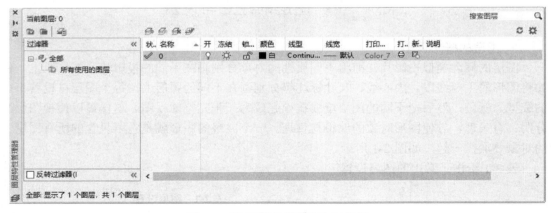

图 2-3　"图层特性管理器"对话框

◆　选择下拉菜单：【格式】/【图层】

◆　单击"图层"工具栏中的按钮：⧉

◆　在命令行输入命令：LAYER

② 单击"新建图层"按钮 ⧉，出现一个新图层，图层名为"图层 1"，颜色为"白色"，线型为"Continuous"，线宽为"默认"。

③ 在名称栏中输入"虚线"，图层名改为"虚线"，单击"确定"按钮，即创建了虚线层，如图 2-4 所示。

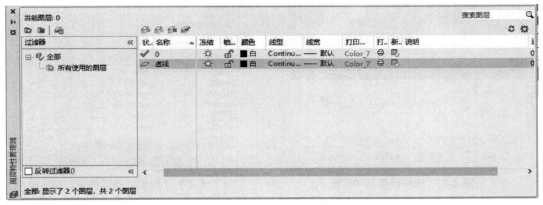

图2-4 创建虚线新图层

（2）颜色设置。

① 在"图层特性管理器"对话框中单击"虚线"层的"白色"项区域，弹出"选择颜色"对话框，如图2-5所示。

② 在"选择颜色"对话框中选择"黄色"，单击"确定"按钮。

③ 返回"图层特性管理器"对话框，单击"确定"按钮，完成虚线层颜色的设置，如图2-6所示。

（3）线型设置。

① 在"图层特性管理器"对话框中单击"虚线"层的"Continuous"项，弹出"选择线型"对话框，如图2-7所示。

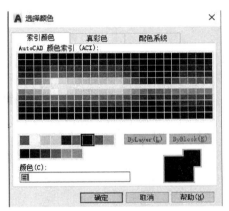

图2-5 "选择颜色"对话框

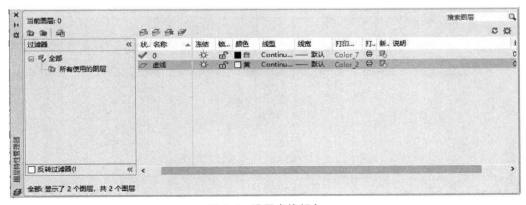

图2-6 设置虚线颜色

② 在对话框中"已加载的线型"列表框中选择需要的线型。如果在列表中没有需要的线型，则单击"加载"按钮。

③ 弹出"加载或重载线型"对话框，如图2-8所示，从中选择"DASHED"线型，单击"确定"按钮。

图2-7 "选择线型"对话框

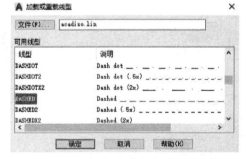

图2-8 "加载或重载线型"对话框

④ 回到"选择线型"对话框，选择"DASHED"线型，如图2-9所示，然后单击"确定"按钮。

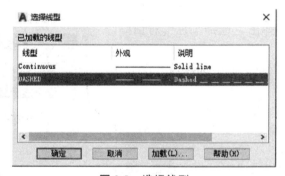

图2-9 选择线型

⑤ 回到"图层特性管理器"对话框，如图2-10所示，完成"DASHED"线型的设置。

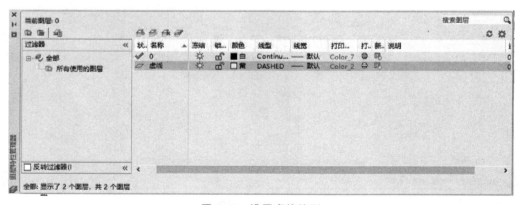

图2-10 设置虚线线型

（4）线宽设置。

① 在"图层特性管理器"对话框中单击"虚线"层的线宽"默认"项区域，弹出"线宽"对话框，如图2-11所示。

② 在对话框中选择线宽为0.09 mm，单击"确定"按钮。

③ 返回"图层特性管理器"对话框，如图 2-11 所示，完成线宽设置。

3．知识扩展

1）当前层的设置

所有的图形都在当前层上绘制。例如，需要绘制虚线时，应将此虚线层设为当前层，方法如下：

（1）打开"图层特性管理器"对话框，选中虚线层，单击"置为当前"按钮 ✍，即把虚线层设为当前层。

（2）单击"图层"工具栏中"图形特性管理器"右侧的向下小三角 ✓，在列表框中选择"虚线"，即把虚线层设为当前层。

（3）如图形中已有虚线存在，可选择图形中虚线线型，单击"图层"工具栏"将对象的图层置为当前"按钮 ✍，即把虚线层设为当前层。

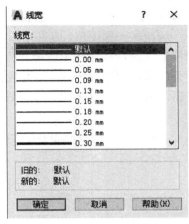

图 2-11 "线宽"对话框

2）改变图层线型

当图形已经绘制完毕，发现某些图线线型错误时，可采用以下方法修改：

（1）更改图线所在图层。选中需要更换线型的图线，单击"图层"工具栏"图层特性管理器"右侧的向下小三角 ✓ 按钮，在列表框中选择所需要的图层，即把图线放到所选的图层上。图线线型与所选图层一致。

（2）采用"对象特性"工具栏重新设置线型。选中需要更换线型的图线，单击"对象特性"工具栏中"线型控制"下拉列表框，选择需要的线型。

（3）采用"特性"按钮重新设置线型。选中需要更换线型的图线，单击"标准"工具栏中的"特性"按钮 ▣，弹出"特性"列表框，单击"基本"选项组中的"线型"，在"线型"下拉框中选择需要的线型。

3）删除多余图层

打开"图层特性管理器"对话框，选中需要删除的图层，单击"删除图层"按钮 ✖，就可以把多余图层删除。但是当前层、定义点层、包含对象的图层不能删除。

任务二 利用图层绘制复杂平面图形

1．图形分析

按任务要求设置合理图层，并按图 2-12 所示平面图完成图形绘制。本图中由于涉及轮廓线、中心线、尺寸线，因此，需要先按上一任务中图层创建和设置方法，完成三个图层的创建和设置，再按照图示尺寸完成基本图形绘制。

2．图形绘制

1）定义样板文件，创建一个新图形

◆ 选择下拉菜单：【文件】/【新建】

◆ 单击"标准"工具栏中的按钮：▢

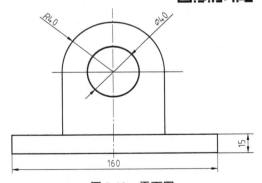

图 2-12 平面图

◆ 在命令行输入命令：NEW

为绘制一幅图形，应进行基本绘图设置。首先定义样板文件，创建一个新图形。打开"选择样板"对话框，从中选择样板文件 acadiso.dwt 作为新绘图形的样板（acadiso.dwt 文件是一公制样板，其有关设置接近我国的绘图标准），如图 2-13 所示。单击对话框中的"打开"按钮，AutoCAD 创建对应的新图形，此时就可以进行样板文件的相关设置或绘制相关图形。

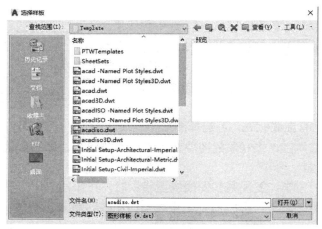

图 2-13　"选择样板"对话框

2）设置绘图单位的格式

◆ 选择下拉菜单：【格式】/【单位】

◆ 在命令行输入命令：UNITS

系统弹出"图形单位"对话框，确定长度尺寸和角度尺寸的单位格式以及对应的精度，如图 2-14 所示。

单击对话框中的"方向"按钮，打开"方向控制"对话框，如图 2-15 所示。该对话框用于确定基准角度，即零角度的方向。设置完成后，单击对话框中的"确定"按钮，返回如图 2-14 所示的"图形单位"对话框。接着单击对话框中的"确定"按钮，完成绘图单位格式及其精度的设置。

图 2-14　"图形单位"对话框

图 2-15　"方向控制"对话框

3）设置图幅

◆ 选择下拉菜单：【格式】/【图形界限】

◆ 在命令行输入命令：LIMITS

指定左下角点或 [开(ON)/关(OFF)] <0.0000,0.0000>：   //回车确认

指定右上角点 <420.0000,297.0000>:210,297   //输入 210,297 后回车确认

命令：   //回车确认

LIMITS   //继续执行图形界限命令

重新设置模型空间界限：

指定左下角点或 [开(ON)/关(OFF)] <0.0000,0.0000>:on   //回车确认

由此即完成 A4 图幅的设置，并使所设图形界限有效。

4）设置图层

（1）创建粗实线层，颜色为白色，线宽为 0.30 mm，线型为 Continuous。

（2）创建细实线层，颜色为白色，线宽为 0.09 mm，线型为 Continuous。

（3）创建波浪线层，颜色为绿色，线宽为 0.09 mm，线型为 Continuous。

（4）创建虚线层，颜色为黄色，线宽为 0.09 mm，线型为 DASHED。

（5）创建中心线层，颜色为红色，线宽为 0.09 mm，线型为 CENTER。

（6）创建尺寸标注层，颜色为青色，线宽为 0.09 mm，线型为 Continuous。

（7）创建剖面线层，颜色为蓝色，线宽为 0.09 mm，线型为 Continuous。

（8）创建文字标注层，颜色为绿色，线宽为 0.09 mm，线型为 Continuous。

结果如图 2-16 所示。

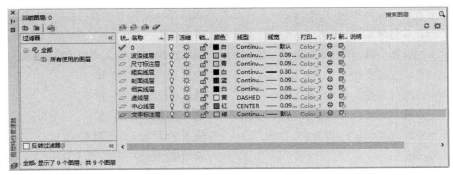

图 2-16　设置图层界面

5）分层绘图

（1）在中心线层绘制中心线。设置中心线层为当前层，绘制两条中心线，如图 2-17 所示。

命令：_line 指定第一点:30,170   //调用直线命令,输入点的绝对坐标值

指定下一点或 [放弃(U)]:170,170   //输入点的绝对坐标值

指定下一点或 [放弃(U)]:   //回车,结束命令

命令：_line 指定第一点:90,260   //调用直线命令,输入点的绝对坐标值

指定下一点或 [放弃(U)]:90,80   //调用直线命令,输入点的绝对坐标值

指定下一点或 [放弃(U)]   //回车,结束命令

（2）在粗实线层绘制主体图形的所有粗实线轮廓，如图 2-18 所示。

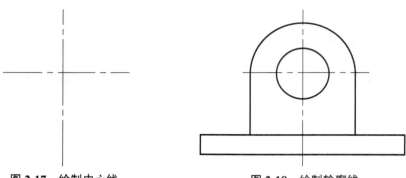

图 2-17　绘制中心线　　　　　图 2-18　绘制轮廓线

命令:_circle

指定圆的圆心或 [三点(3P)/两点(2P)/切点、

切点、半径(T)]:90,170　　　　　　　//调用圆命令,输入圆心的绝对坐标值

指定圆的半径或 [直径(D)]:20　　　　//输入圆的半径,回车确认

命令:CIRCLE 指定圆的圆心或[三点(3P)/两点(2P)切点、切点、半径(T)]:90,170

　　　　　　　　　　　　　　　　　　//调用圆命令,输入圆心的绝对坐标值

指定圆的半径或 [直径(D)] <20.0000>:40　//输入圆的半径,回车确认

命令:_line 指定第一点:50,170　　　　//调用直线命令,输入点的绝对坐标值

指定下一点或 [放弃(U)]:50,120　　　　//输入点的绝对坐标值

指定下一点或 [放弃(U)]:　　　　　　//回车确认

命令:_line 指定第一点:130,170　　　　//调用直线命令,输入点的绝对坐标值

指定下一点或 [放弃(U)]:130,120　　　//调用直线命令,输入点的绝对坐标值

指定下一点或 [放弃(U)]:　　　　　　//回车确认

命令:_line 指定第一点:10,120　　　　//调用直线命令,输入点的绝对坐标值

指定下一点或 [放弃(U)]:170,120　　　//输入点的绝对坐标值

指定下一点或 [放弃(U)]:170,105　　　//输入点的绝对坐标值

指定下一点或 [闭合(C)/放弃(U)]:10,105　//输入点的绝对坐标值

指定下一点或 [闭合(C)/放弃(U)]:c　　//输入字母"c",封闭图形

命令:_trim　　　　　　　　　　　　//调用修剪命令

当前设置:投影=UCS,边=无

选择剪切边...

选择对象或 <全部选择>:找到 1 个　　//选择剪切边

选择对象:找到 1 个,总计 2 个　　　　//选择剪切边

选择对象:

选择要修剪的对象,或按住"Shift"键选择要延伸的对象,

或[栏选(F)/窗交(C)/投影(P)/边(E)/删除(R)/放弃(U)]: //选择要修剪的对象

选择要修剪的对象,或按住 Shift 键选择要延伸的对象,

或[栏选(F)/窗交(C)/投影(P)/边(E)/删除(R)/放弃(U)]: //回车确认

（3）将当前层设置为尺寸标注层,并在该层上进行尺寸标注。执行结果如图 2-12 所示。

小 结

本项目介绍了使用图层命令创建、管理和设置图层的方法，复杂平面图的分层绘制方法；学习了线型、线宽、颜色、图层的创建与使用。

在 AutoCAD 绘图中，图层的使用非常重要，正确使用图层，可使复杂图形的绘制工作简单化。按照标准创建线型、线宽、颜色，把图形对象从视觉上区分开来，使图形易于观看。一般把同一种颜色、同一种线型、同一种线宽的图形对应放在同一图层上，平面图形按线型分层绘制。

练 习

一、选择题

1. 改变已有图形线型，如采用更换图层的方法，应单击哪个工具栏上的下拉列表框？
（   ）

A. 标准 　　　　 B. 对象特征 　　　　 C. 图层 　　　　 D. 绘图

2. 图形中已有中心线存在，如需设置中心线层为当前层，单击图形中的中心线图线后，还应单击哪一个工具栏上的"将对象的图层置为当前"按钮？（   ）

A. 标准 　　　　 B. 对象特征 　　　　 C. 图层 　　　　 D. 绘图

二、判断题

1. 只有单击"图层"工具栏上的"图层特性管理器"按钮，才能打开"图层特性管理器"对话框。 （   ）

2. 在"图层特性管理器"对话框中单击某一图层即可将其设为当前层。 （   ）

3. 在"加载或重载线型"对话框中选择线型后，单击"确定"按钮，回到"选择线型"对话框，再次单击"确定"按钮，即可完成线型设置。 （   ）

4. 创建的图层可以删除。 （   ）

三、简答题

1. 如何设置当前层？

2. 如何改变图形的线型和颜色？

四、操作题

按题表 2-1 中的要求设置 6 个图层。

题表 2-1

图层名称	颜色	AutoCAD 线型	AutoCAD 线宽/mm
粗实线层	绿色	Continuous	0.50
细实线层	黄色	Continuous	0.25
虚线层	品红	DASHED	0.25
中心线层	红色	CENTER	0.25
尺寸标注层	青色	Continuous	0.25
剖面线层	青色	Continuous	0.25
文字标注层	白色	Continuous	0.25

项目三 平面图形的绘制与编辑

教学目标

本项目主要以实例形式，向大家介绍基本绘图命令和编辑命令。通过给定任务图形的完成，初步掌握平面图形绘制的一般方法。

学习重点

◇ 绘图命令
◇ 编辑命令

任务一 绘制平面图形实例 1

1. 图形分析

如图 3-1 所示，本图形是由 4 组三角形和 1 个圆形组成，其中 1 组三角形位于中心，其他 3 组三角形均布在其周围。大三角形为外接圆半径为 50 mm 的正三角形，小三角形的顶点位于大三角形边长的中点位置。

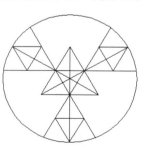

图 3-1　平面图形

2. 图形绘制

1）绘制三角形

单击 ⬠ 按钮，调用"多边形"命令，绘制三角形，如图 3-2 所示。

命令：_polygon 输入边的数目 <4>:3　　　　　//输入边数 3

指定正多边形的中心点或 [边(E)]:　　　　　　//在屏幕指定一点为中心

输入选项 [内接于圆(I)/外切于圆(C)] <I>:i　//选择内接于圆

指定圆的半径:50   //指定圆半径为50 mm

2）绘制内接三角形

单击 ✎ 按钮，调用"直线"命令，开启对象捕捉，捕捉大三角形边长中点，依次画出三条直线，完成内接三角形的绘制，如图 3-3 所示。

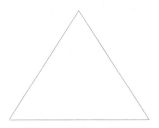

图 3-2　绘制三角形

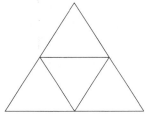

图 3-3　绘制内接三角形

命令:_line 指定第一点: //捕捉边的中点

指定下一点或 [放弃(U)]: <正交 开>   //绘制第一条边

指定下一点或 [放弃(U)]: <正交 关>   //绘制第二条边

指定下一点或 [闭合(C)/放弃(U)]:c   //绘制第三条边

3）绘制大三角形的 3 条角平分线

调用"直线"命令，开启端点和中点捕捉，绘制大三角形的 3 条角平分线，如图 3-4 所示。

命令:_line 指定第一点:

指定下一点或 [放弃(U)]:   //绘制第一条角平分线

命令:_line 指定第一点:

指定下一点或 [放弃(U)]:   //绘制第二条角平分线

命令:_line 指定第一点:

指定下一点或 [放弃(U)]:   //绘制第三条角平分线

4）调用"复制"命令复制图形

调用"复制"命令向其下方复制一个已绘图形，如图 3-5 所示。

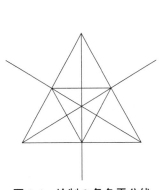

图 3-4　绘制 3 条角平分线

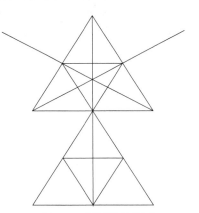

图 3-5　复制已绘图形

命令：_copyclip 找到 4 个： //复制目标

命令：_pasteclip 指定插入点： //粘贴到指定点

5）使用阵列命令复制图形

单击 按钮，将复制的大三角形打散，删除其底边，再单击修改面板 按钮中的黑三角符号，弹出"阵列"下拉式菜单，如图 3-6 所示，选择"环行阵列"，命令行提示选择要排列的对象，在图中选中需阵列的部分，单击鼠标右键，面板如图 3-6 所示，选择阵列的中心点，在"项目数"输入栏中输入数字"3"，绘图区域出现预览图，然后单击"关闭阵列"按钮，图形阵列完成，最终形成如图 3-7 所示图形。

图 3-6 "阵列"对话框 图 3-7 阵列后的图形

6）绘制外部大圆

单击 按钮，调用"圆"命令，以中心三角形的中心为圆心画圆，如图 3-8 所示。

命令：_circle 指定圆的圆心或 [三点(3P)/两点(2P)/相切、相切、半径(T)]：

//指定圆心

指定圆的半径或 [直径(D)]： //指定圆的直径

7）修剪多余部分线条，完成图形绘制

单击 按钮，将要修建的对象选中，回车，在图中再单击要修剪的部分，完成图形的修剪，最终完成整个图形的绘制，如图 3-9 所示。

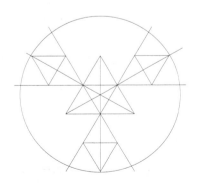

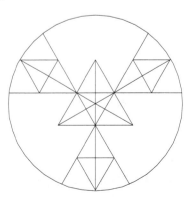

图 3-8 画圆后的图形 图 3-9 完成后的图形

命令：_trim

选择剪切边...

选择对象或 <全部选择>：   //修剪多余线段

3. 知识扩展

1）"正多边形"命令

（1）命令调用方式：

◆ 选择下拉菜单：【绘图】/【正多边形】

◆ 单击"绘图"工具栏中的按钮：⬠

命令：_polygon 输入边数<4>：

（2）边数。"正多边形"命令可用于边数在 3～1 024 内的正多边形。

（3）命令选项。

① 指定中心点：有两种子选项，一种是内接于圆（I），另一种是外切于圆（C）。

内接于圆（I）是指绘制的多边形内接于圆，给定的半径是多边形中心到多边形顶点的距离。

外切于圆（C）是指绘制的多边形外切于圆，给定的半径是多边形的中心到各边中点的距离。

② 边（E）命令选项：按照多边形边长绘制正多边形。当系统提示指定第一端点后，按照给定的第一点与第二点连线方向的逆时针绘制正多边形。

2）"复制"命令

命令调用方式：

◆ 选择下拉菜单：【修改】/【复制】

◆ 单击"修改"工具栏中的按钮：🔗

命令：_copy

"复制"命令在复制时，可以用鼠标在屏幕上指定点复制，也可实现给定距离复制。

3）"阵列"命令

命令调用方式：

◆ 选择下拉菜单：【修改】/【阵列】

◆ 单击"修改"工具栏中的按钮：🔲

◆ 在命令行输入：ARRAY

"阵列"命令可以创建矩形或环形对象的副本，可以很好地实现等距均布图形的复制。

（1）"矩形阵列"复制。在矩形阵列中，"行距""列距"和"阵列角度"的值将影响阵列的方向。行距、列距为正值时将沿 X 轴或 Y 轴正方向阵列复制对象，阵列角度为正值时则沿逆时针方向阵列复制对象；反之则相反。也可以通过光标在绘图栏中设置距离和方向，则由给定点的前后顺序确定偏移的方向。

例如，绘制如图 3-10 所示的图形。

首先，绘制两个矩形和一个小圆，如图 3-11 所示。

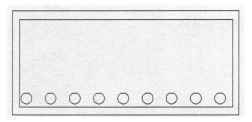

图 3-10　平面图形

图 3-11　绘制矩形和小圆

其次，调用"阵列"中的矩形阵列命令，单击选择阵列对象小圆，弹出如图 3-12 所示面板，设置行、列参数值，设为 1 行、9 列，在"介于"和"总计"中设置行偏移和列偏移参数，绘图区域出现预览效果图，再单击"关闭阵列"按钮完成矩形阵列。

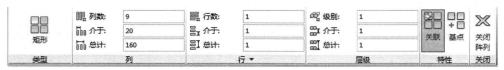

图 3-12　"阵列"对话框（矩形）

（2）"环形阵列"复制。创建环形阵列，设置"填充角度"为正值时，阵列按逆时针方向绘制；设置"填充角度"为负值时，则按顺时针方向绘制。阵列复制如图 3-13 所示。

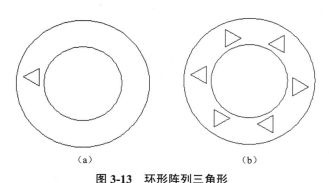

（a）　　　　　　　　　　（b）

图 3-13　环形阵列三角形

（a）原始图形；（b）"阵列"后的图形

首先绘制圆环和一个小三角形，调用"环形阵列"命令，选择三角形为阵列对象，单击选择捕捉圆心点为"中心点"，弹出"环形阵列"面板，如图 3-14 所示。在"项目数"中输入"6"，"填充角度"中输入"360"，单击"旋转项目"按钮，单击"关闭阵列"按钮，完成环形阵列过程。如果没有勾选"复制时旋转项目"复选框，则在阵列时三角形不旋转，不旋转的对象环形阵列如图 3-15 所示。

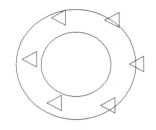

图 3-14 "阵列"对话框（环形）　　　图 3-15 不旋转的对象环形阵列

在"环形阵列"面板的"项目"列表中可以利用设置"介于"和"填充角度"进行阵列复制图 3-16 所示图形。

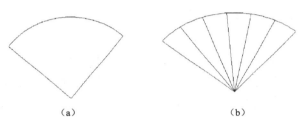

（a）　　　　　　　　　（b）

图 3-16 阵列复制扇形图形

（a）原始图形；（b）完成图形

调用"环形阵列"命令，选择扇形左边直线为阵列对象，以扇形圆心为阵列中心，在"填充角度"中输入"-90"，"介于"中输入"18"，则完成扇形图形的阵列复制。

4）"圆"命令

命令调用方式：

◆ 选择下拉菜单：【绘图】/【圆】/【圆心、半径】

◆ 单击"绘图"工具栏中的按钮：⊘

◆ 在命令行输入命令：CIRCLE（简写为"C"）

在绘制圆的菜单中有 6 个子选项，如图 3-17 所示。根据已知条件和需要酌情选择其中一种方式，即可完成圆形的绘制。

（1）圆心、半径（直径）：这两种方式比较常用，指定一点为圆心，键入半径（R）数值或直径（D）数值即可完成绘圆。

（2）两点（2P）：指定两点作为圆的一条直径。

（3）三点（3P）：指定不在同一直线上的 3 个点绘制圆。

（4）相切、相切、半径（T）：绘制半径已知，同时与两个对象相切的连接圆。

（5）相切、相切、相切（A）：绘制与 3 个对象同时相切的圆。值得注意的是，该命令选项绘制圆时，只能在绘图菜单中选用。

5）"修剪"命令

命令调用方式：

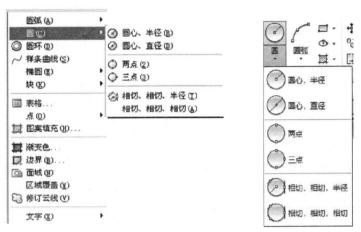

图 3-17 "圆"命令子选项

◆ 选择下拉菜单：【修改】/【修剪】

◆ 单击"修改"工具栏中的按钮：

（1）修剪对象。可以修剪的对象包括圆弧、圆、椭圆弧、直线、多段线、射线、样条曲线、图形填充和构造线等。操作时，先选择作为修剪对象的剪切边，或者选择所有对象作为可能的剪切边，再选择被修剪的对象。

（2）命令选项。

① 投影（P）选项：可以指定修剪空间。该选项主要用于三维空间中两个对象的修剪，这时可将修剪对象投影到某一平面内进行修剪操作。

② 边（E）选项：输入 E 选项，命令行提示"输入隐含边延伸模式【延伸（E）/ 不延伸（N）】<不延伸>:"，如果选择"延伸（E）"选项，当被修剪的对象与边界不相交时，系统会沿其自然路径延伸剪切边使它与要修剪的对象相交，从而剪裁要修剪的对象。如果选择"不延伸（N）"选项，则只有被修剪对象与修剪边界真正相交时才能进行修剪。如图 3-18 所示，以上面的水平线为边界，修剪左侧垂线。图 3-18（a）所示为"不延伸（N）"模式，不能被修剪；图 3-18（b）所示为"延伸（E）"模式，可以被修剪。

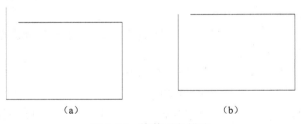

（a）   （b）

图 3-18　修剪对象模式

（a）"不延伸（N）"模式；（b）"延伸（E）"模式

③ 放弃（U）选项：取消上次操作。

6）"分解"命令

命令调用方式：

◆ 选择下拉菜单：【修改】/【分解】

◆ 单击"修改"工具栏中的按钮：

◆ 在命令行输入命令：EXPLODE

"分解"命令可应用的对象：

（1）"矩形"命令绘制的矩形；

（2）"正多边形"命令绘制的各种多边形；

（3）多段线；

（4）图块；

（5）文本等。

该命令是将由多个对象组成的对象分解开，成为单独的对象，利于给定对象中的局部编辑操作。

任务二　绘制平面图形实例2

1. 图形分析

如图 3-19 所示，本图形是由 4 组三角形和 1 个小圆组成。其中 1 组大三角形位于中心，其他 3 组三角形均布在其周围。大三角形为外接圆半径为 100 mm 的正三角形。小三角形的顶点在大三角形的顶点上，且外接圆半径为 70 mm。将大三角形向外偏移 10 mm，获得大三角形组；将小三角形向内偏移 10 mm，获得小三角形组。小圆位于大三角形中心，半径为 20 mm。

图3-19　平面图形

2. 图形绘制

1）绘制大三角形

单击 ⬠ 按钮，调用"多边形"命令，绘制三角形，如图 3-20 所示。

```
命令：_polygon 输入边的数目 <4>:3          //输入边数 3
指定正多边形的中心点或 [边(E)]:190,160     //指定(190,160)为中心
输入选项 [内接于圆(I)/外切于圆(C)] <I>:i   //选择"内接于圆"
指定圆的半径:100                           //指定圆半径为 100 mm
```

2）绘制小三角形

单击 ⬠ 按钮，调用"多边形"命令，绘制小三角形，如图 3-21 所示。

```
命令：_polygon 输入边的数目 <4>:3          //输入边数 3
指定正多边形的中心点或 [边(E)]:            //指定大三角形顶点为中心
输入选项 [内接于圆(I)/外切于圆(C)] <I>:i   //选择"内接于圆"
指定圆的半径:70                            //指定圆半径为 70 mm
```

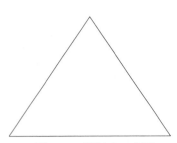

图 3-20   绘制大三角形

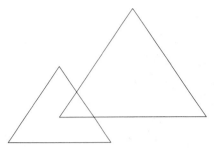

图 3-21   绘制小三角形

3）将大三角形向外侧偏移复制

单击 按钮，选择大三角为偏移对象，偏移距离为 10 mm，偏移侧指向大三角形外侧。偏移后如图 3-22 所示。

命令：_offset

指定偏移距离或 [通过(T)/删除(E)/图层(L)] <通过>:10   //指定偏移距离

选择要偏移的对象，或 [退出(E)/放弃(U)] <退出>:   //选择偏移对象

指定要偏移的那一侧上的点，或 [退出(E)/多个(M)/放弃(U)] <退出>:   //指定偏移一侧

4）将小三角形向内侧偏移复制

单击 按钮，选择小三角形为偏移对象，偏移距离为 10 mm，偏移侧指向小三角形内侧。偏移后如图 3-23 所示。

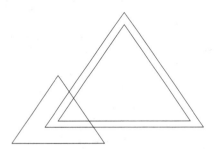

图 3-22   向外偏移大三角形

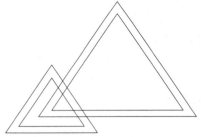

图 3-23   向内偏移小三角形

命令：_offset

指定偏移距离或 [通过(T)/删除(E)/图层(L)] <通过>: 10   //指定偏移距离

选择要偏移的对象，或 [退出(E)/放弃(U)] <退出>:   //选择偏移对象

指定要偏移的那一侧上的点，或[退出(E)/多个(M)/放弃(U)] <退出>:   //指定偏移一侧

5）阵列复制两个小三角形

单击 按钮，弹出"阵列复制"对话框，选择"环形阵列"，"项目数"输入"3"，选择大三角形中心为阵列中心，两个同心小三角形为阵列对象，单击"确定"按钮完成阵列复制，如图 3-24 所示。

命令：_array

指定阵列中心点：   //选择大三角形中心为阵列中心

选择对象：找到 1 个

选择对象：找到 1 个,总计 2 个   //选择两个三角形为对象

6）修剪多余线段

单击 按钮，将要修建的对象选中，回车，在图中单击要修剪的部分，完成图形修剪。最终完成了整个图形的绘制，如图 3-25 所示。

命令：_trim

当前设置：投影=UCS,边=延伸

选择剪切边...找到 8 个   //修剪多余线段

图 3-24　小三角形阵列复制

图 3-25　修剪多余线段

7）绘制中心小圆

单击 按钮，选择大三角形的中心为圆心，输入圆的半径为 20 mm，在大三角中绘制小圆。绘制小圆后的图形如图 3-26 所示。

命令：_circle 指定圆的圆心或 [三点(3P)/两点(2P)/相切、相切、半径(T)]：<对象捕捉开>

指定圆的半径或 [直径(D)]:20   //绘制半径为 20 mm 的小圆

8）填充图形，绘制剖面线

单击 按钮，调用"图形填充"命令，弹出"图案填充创建"对话框，如图 3-27 所示。拖动"图案"选项右侧中的滚动条，或单击 按钮，弹出如图 3-28 所示的"填充图案选项板"对话框，选择"ANSI31"选项，弹出如图 3-28 所示的"填充图案选项板"对话框。选择"ANSI"选项卡，选择"ANSI31"选项，单击"确定"按钮，返回"编辑图案填充"对话框。

图 3-26　绘制小圆后的图形

图 3-27　"图案填充编辑"对话框

　　选择"边界"选项组中的"拾取点"选项，鼠标在大三角形与小圆相交的区域单击，选择填充区域，选择完成后回车，绘图区域为"预览"效果，如果需要修改，则鼠标单击各选项，重新设置各参数，如果预览合适，则单击"关闭图案填充创建"按钮，从而完成图形的绘制。使用命令填充图形后，最终获得如图 3-29 所示图形。

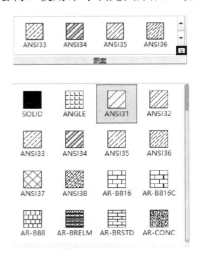

图 3-28 "填充图案选项板"对话框

图 3-29 填充图案后的图形

命令:_bhatch

拾取内部点或 [选择对象(S)/删除边界(B)]：　　//单击大三角形与小圆相交区域

3. 知识扩展

1）"偏移"命令

命令调用方式：

◆ 选择下拉菜单：【修改】/【偏移】

◆ 单击"修改"工具栏中的按钮：⬛

"偏移"命令有两种使用方法：第一，通过前面使用的给定距离；第二，通过某已知点。如将图 3-30（a）修改成图 3-30（b）所示的形式。

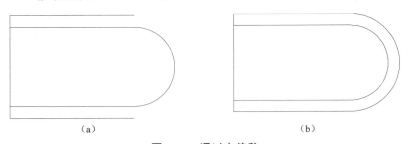

（a）　　　　　　　　　　　　　　　　　（b）

图 3-30 通过点偏移

（a）原始图形；（b）完成图形

命令:_offset

指定偏移距离或 [通过(T)/删除(E)/图层(L)] <通过>:t　　　　　　//选择"通过"项

选择要偏移的对象，或 [退出(E)/放弃(U)] <退出>：　　　　　　//单击圆弧

指定通过点：　　　　　　　　　　　　　　　　　//单击圆弧外侧通过点

选择要偏移的对象或<退出>：　　　　　　　　　//回车,结束命令

2）"图案填充"命令

命令调用方式：

◆　选择下拉菜单：【绘图】/【图案填充】

◆　单击"绘图"工具栏中的按钮：

◆　在命令行输入命令：BHATCH

"图案填充"对话框中含有 2 个选项卡：图案填充和渐变色。

（1）"图案填充"选项卡。

①"类型"下拉列表框：用于设置填充的图案类型，包括"预定义""用户定义"和"自定义"。其中"预定义"指可以使用软件自身提供的图案；"用户定义"指用户临时指定图案，该图案是一组平行线或两组相互平行的直线；"自定义"指可以选择用户事先准备好的图案。

②"图案"下拉列表框：只有在"类型"下拉列表中选择"预定义"时，该列表才可以用，主要用于设置填充的图案，用户可根据图案名称选择图案，也可单击其后的 按钮，在打开的"填充图案选项板"对话框中选择。"填充图案选项板"对话框中共有 4 个选项卡："ANSI""ISO""其他预定义"和"自定义"。

③"样例"预览列表框：用于显示当前选中的图案样例。单击选中的样例，也可以打开"填充图案选项板"对话框，用户可以选择所需要的图案。

④"自定义图案"下拉列表框：当填充的图案采用自定义类型时才可使用。

⑤"角度"下拉列表框：用于设置图案填充的角度，每种图案在定义时旋转角度都为零。

⑥"比例"下拉列表框：用于设置图案填充的比例值，用户可根据需要设置放大或缩小的比例。

⑦"间距"文本框：当在"类型"下拉列表中选择"用户定义"时才可用，用于设置填充平行线间的距离。

⑧"ISO 笔宽"下拉列表框：用于设置笔的宽度，当采用 ISO 图案时才可使用。

（2）"渐变色"选项卡。

使用"渐变色"选项卡，可以使用一种或两种颜色进行填充，如图 3-31 所示。

①"单色"单选按钮：使用一种颜色产生渐变色填充。

②"双色"单选按钮：可以使用两种颜色产生渐变色填充边界。

③"渐变图案预览"区域：可以显示渐变图案的效果。

④"居中"复选框：可以设置渐变色"居中"效果。

⑤"角度"下拉列表框：设置渐变色的角度。

（3）其他参数。

①"添加：拾取点"按钮：以拾取点的形式指定填充区域边界。

②"添加：选择对象"按钮：通过选择对象的方式选择填充的区域边界。

③"删除孤岛"按钮：单击此按钮，可以取消系统自动计算或用户指定的孤岛（此按钮是"帮助"右边的向右箭头按钮）。

图3-31　"渐变色"页标签

④"继承特性"按钮：用已有的图案填充设置特性来填充要填充的对象。

⑤"选项"选项组：设置图案填充与边界的关系。当勾选"关联"复选框，对图案填充的某些边界进行一些编辑操作时，会自动生成图案填充；当不勾选"不关联"复选框时，则图案填充和边界没有关系。

3）利用"工具选项板"填充

调用方式：Ctrl+3。

利用"工具选项板"将填充图形拖到图形中。

在"工具选项板"（见图 3-32）中选择要填充的图案样式，将填充图案从内容区域拖到图形中的封闭对象中，即可完成图形填充。如系统提示"填充间距太密，或短画尺寸太小"，则应在相应图案中单击鼠标左键，弹出如图3-33 所示的"图案填充编辑器"面板，可调整比例值。利用"图案填充编辑器"，可以很方便地修改图案填充类型和填充对象的特性值。

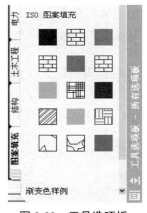

图 3-32　工具选项板

图 3-33　"工具特性"对话框

任务三　绘制平面图形实例 3

1. 图形分析

任务图形如图 3-34 所示，该图形主体是由半径为 $R10$ mm、$R20$ mm、$R30$ mm、$R40$ mm、$R60$ mm 的 5 个同心圆组成，其中在半径为 $R30$ mm 的圆周上均布 3 个半径为 $R5$ mm 的圆，半径为 $R60$ mm 的大圆周上均布 4 个半径为 $R8$ mm 和 $R12$ mm 的同心圆。$R60$ mm 大圆与 $R12$ mm 圆交接处圆角半径为 $R3$ mm。

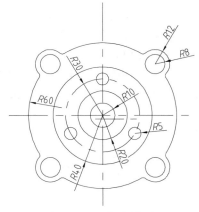

图 3-34　任务图形

2. 图形绘制

1）画中心线

单击"格式"下拉菜单，选择"图层"，弹出"图层"对话框。新建"图层"，加载线型为"CENTER"，设置颜色为红色，线宽为 0.09 mm，图层名称为"中心线"。再新建一图层，线型保持默认，颜色保持默认（白色），线宽为 0.30 mm，图层名称为"粗实线"。单击"确定"按钮，保存"图层"设置。单击"中心线层"为当前图层，调用"直线"命令，绘制圆的中心线，如图 3-35 所示。

2）画 $R10$ mm、$R20$ mm、$R30$ mm、$R40$ mm、$R60$ mm 同心圆

单击"粗实线"层为当前图层，单击 ⊙ 按钮，调用"圆"命令，重复使用绘圆命令，采用给定圆心（已绘中心线的交点）和半径的方式，依次画出 $R10$ mm、$R20$ mm、$R30$ mm、$R40$ mm、$R60$ mm 同心圆。绘制好的图形如图 3-36 所示。

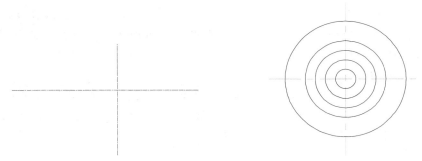

图 3-35　绘制中心线　　　　　　　　图 3-36　绘制同心圆

命令:_circle 指定圆的圆心或 [三点(3P)/两点(2P)/相切、相切、半径(T)]:
指定圆的半径或 [直径(D)]:10　　　　　　　　　　　　　//绘制半径为 10 mm 的圆
命令:_circle 指定圆的圆心或 [三点(3P)/两点(2P)/相切、相切、半径(T)]:
指定圆的半径或 [直径(D)] <10.0000>:20　　　　　　　　//绘制半径为 20 mm 的圆
命令:_circle 指定圆的圆心或 [三点(3P)/两点(2P)/相切、相切、半径(T)]:
指定圆的半径或 [直径(D)] <20.0000>:30　　　　　　　　//绘制半径为 30 mm 的圆
命令:_circle 指定圆的圆心或 [三点(3P)/两点(2P)/相切、相切、半径(T)]:
指定圆的半径或 [直径(D)] <30.0000>:40　　　　　　　　//绘制半径为 40 mm 的圆
命令:_circle 指定圆的圆心或 [三点(3P)/两点(2P)/相切、相切、半径(T)]:
指定圆的半径或 [直径(D)] <40.0000>:60　　　　　　　　//绘制半径为 60 mm 的圆

3）绘制 $R5$ mm 小圆

单击 ⊙ 按钮，按指定圆心和半径的方式绘圆。圆心为 $R30$ mm 圆周与垂直中心线的交点，半径为 5 mm，绘制小圆后的图形如图 3-37 所示。

命令：_circle 指定圆的圆心或 [三点(3P)/两点(2P)/相切、相切、半径(T)]：

指定圆的半径或 [直径(D)] <60.0000>:5　　　　　　　　　　　//绘制半径为 5 mm 的小圆

4）绘制 $R8$ mm 和 $R12$ mm 的同心圆

单击 ⊘ 按钮，按指定圆心和半径的方式绘圆。圆心为 $R60$ mm 圆周与垂直中心线的交点，半径分别为 8 mm 和 12 mm，绘制同心圆后的图形如图 3-38 所示。

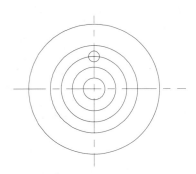　　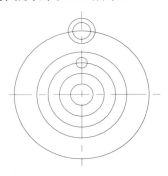

图 3-37　绘制小圆后的图形　　　　　　图 3-38　绘制同心小圆后的图形

命令：_circle 指定圆的圆心或 [三点(3P)/两点(2P)/相切、相切、半径(T)]：

指定圆的半径或 [直径(D)] <5.0000>:8　　　　　　　　　　　//绘制半径为 8 mm 的圆

命令：_circle 指定圆的圆心或 [三点(3P)/两点(2P)/相切、相切、半径(T)]：

指定圆的半径或 [直径(D)] <8.0000>:12　　　　　　　　　　//绘制半径为 12 mm 的圆

5）阵列复制 $R5$ mm 圆

单击 ✛ ˙ 按钮，选择 $R5$ mm 的小圆为阵列对象，中心线的交点为阵列中心后，打开"阵列创建"对话框，如图 3-39 所示，"项目总数"输入"3"，预览图形正确，单击"关闭阵列"，完成阵列复制，如图 3-40 所示。

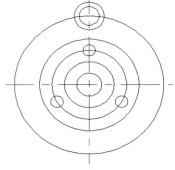

图 3-39　"阵列"对话框　　　　　　　　图 3-40　阵列复制小圆后的图形

命令：_array　　　　　　　　　　　　　　//调用"阵列"命令

选择对象:找到 1 个选　　　　　　　　　　//阵列对象选择 $R5$mm 的小圆

择对象：

指定阵列中心点：　　　　　　　　　　　　//指定中心线交点为阵列中心

6）旋转 $R8\ mm$ 和 $R12\ mm$ 同心圆

单击 ⟳ 按钮，选择 $R8\ mm$ 和 $R12\ mm$ 同心圆为旋转对象，回车，选择中心线交点为旋转基点，输入"旋转角度"数值为"45"，回车，完成 $R8\ mm$ 和 $R12\ mm$ 同心圆的旋转，旋转后获得的图形如图 3-41 所示。

```
命令:_rotate                          //调用"旋转"命令
UCS 当前的正角方向：ANGDIR=逆时针  ANGBASE=0
选择对象:找到 1 个                      //选择第一个对象
选择对象:找到 1 个,总计 2 个            //选择第二个对象
指定基点:                             //指定中心线交点为基点
指定旋转角度,或 [复制(C)/参照(R)] <0>: 45    //指定旋转角度为45°
```

7）阵列复制 $R8\ mm$ 和 $R12\ mm$ 同心圆

单击 品 按钮，弹出"阵列复制"对话框，选择环形阵列，"项目总数"输入"4"，选择中心线的交点为阵列中心，$R8\ mm$ 和 $R12\ mm$ 的小圆为阵列对象，单击"确定"按钮，完成阵列复制，如图 3-42 所示。

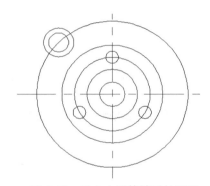

图 3-41　同心小圆旋转后的图形

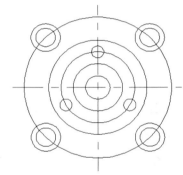

图 3-42　阵列复制同心小圆后的图形

```
命令:_array                          //调用"阵列复制"命令
指定阵列中心点:                        //指定中心线交点为阵列中心
选择对象:找到 1 个                      //找到第一个对象
选择对象:找到 1 个,总计 2 个            //找到第二个对象
```

8）修剪多余线段

单击 ⊢ 按钮，将要修剪的对象选中，回车，在图中单击要修剪的部分，完成图形修剪。修剪后的图形如图 3-43 所示。

```
命令:_trim                           //调用"修剪"命令
当前设置:投影=UCS,边=延伸
选择剪切边...                          //指定剪切边
选择对象或 <全部选择>:共 9 个            //指定修剪对象
```

9）连接处倒圆角

单击 ⬜ 按钮，选择子选项【R】，在命令行输入"r"，回车，输入数字"3"，单击鼠标右键（或回车键），选择要倒圆角的对象，将图中 $R60\ mm$ 和 $R12\ mm$ 圆连接的地方依次倒

圆角。

命令:_fillet	//调用"倒圆角"命令
当前设置:模式 = 修剪,半径 = 0.0000	
选择第一个对象或 [放弃(U)/多段线(P)/半径(R)/修剪(T)/多个(M)]:r	
	//选择"R"子选项
指定圆角半径 <0.0000>:3	//圆角半径为 3 mm
选择第一个对象或 [放弃(U)/多段线(P)/半径(R)/修剪(T)/多个(M)]:	
	//选择第一个对象

选择第二个对象,或按住"Shift"键选择要应用角点的对象： //选择第二个对象

各连接处分别倒角后，选中 $R30\ mm$ 的圆，改变其图层为"中心线"图层。最终完成的图形如图 3-44 所示。

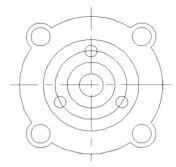
图 3-43　修剪多余线段后的图形

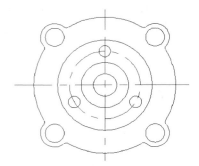
图 3-44　完成后的图形

3. 知识扩展

1）"旋转"命令

命令调用方式：

◆ 选择下拉菜单：【修改】/【旋转】

◆ 单击"修改"菜单栏中的按钮：↻

◆ 在命令行里输入命令：Rotate

"旋转"命令可以用于旋转指定的对象。要决定旋转角度，则需输入角度数值或指定第二点。在系统默认环境下，当输入的角度为正值时，则沿逆时针旋转对象；当输入的角度为负值时，则沿顺时针旋转对象。

2）"倒圆角"命令

命令调用方式：

◆ 选择下拉菜单：【修改】/【圆角】

◆ 单击"修改"工具栏中的按钮：▱

（1）命令选项。

① 多段线（P）：在二维多段线中，两条线段相交的每个顶点处插入圆角，可以为整个多段线加圆角或从多段线中删除圆角。图 3-45（a）所示为用多段线绘制的多边形，完成倒角后的图形如图 3-45（b）所示。

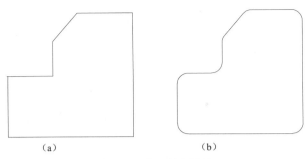

（a）　　　　　　　　（b）

图 3-45　多段线倒圆角

（a）多段线绘制的多边形；（b）完成倒圆角后的图形

命令：_fillet　　　　　　　　　　　　　　　　　　//调用"倒圆角"命令

前设置：模式 = 修剪,半径 = 0.0000

择第一个对象或 ［放弃(U)/多段线(P)/半径(R)/修剪(T)/多个(M)］:r

指定圆角半径 <0.0000>:100　　　　　　　　　　　//输入半径值

选择第一个对象或 ［放弃(U)/多段线(P)/半径(R)/修剪(T)/多个(M)］:p

　　　　　　　　　　　　　　　　　　　　　　　//选择多段线选项

选择二维多段线：　　　　　　　　　　　　　　　//在多边形上单击

② 修剪（T）：控制是否修剪选定的边使其延伸到圆角的端点，如图 3-46 所示。

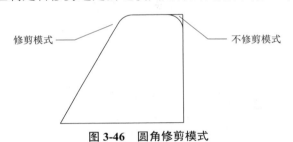

修剪模式　　　　　　　　　　　　不修剪模式

图 3-46　圆角修剪模式

③ 多个（M）：给多个对象集体倒圆角。命令窗口中重复显示主提示和"选择第二个对象"的提示，直到回车键结束。

（2）修剪模式下的"圆角"命令。在修剪模式下，可以设置圆角半径为"0"，利用"圆角"命令修剪图形，可以提高绘图效率。例如如图 3-47（a）所示的图形，可以用"修剪"命令下的"圆角"命令很便捷地处理成图 3-47（b）所示的图形。

命令：_fillet　　　　　　　　　　　　　　　　　　//调用"倒圆角"命令

当前设置：模式 = 修剪,半径 = 0.0000

选择第一个对象或 ［放弃(U)/多段线(P)/半径(R)/修剪(T)/多个(M)］:t　//修剪模式

输入修剪模式选项 ［修剪(T)/不修剪(N)］ <修剪>:t　　　　　　//修剪

选择第一个对象或 ［放弃(U)/多段线(P)/半径(R)/修剪(T)/多个(M)］:r

指定圆角半径 <0.0000>:0　　　　　　　　　　　　　//半径为 0

选择第一个对象或 ［放弃(U)/多段线(P)/半径(R)/修剪(T)/多个(M)］:　//选择第一对象

选择第二个对象,或按住 Shift 键选择要应用角点的对象：　　//选择第二对象

平面图形的绘制与编辑

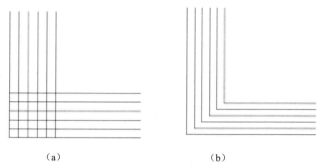

（a）　　　　　　　　　　　　　（b）

图 3-47　用"圆角"命令修剪图形

（a）原始图形；（b）完成图形

任务四　绘制平面图形实例 4

1. 图形分析

任务图形如图 3-48 所示，该图形主体是由半径为 $R90$ mm、$R130$ mm 的两个同心圆组成，其中在半径为 $R90$ mm 的圆周上分布 3 个半径为 $R15$ mm 的圆，三个小圆之间的夹角均为 $30°$；圆弧槽两顶端圆弧半径为 $R25$ mm，圆心位置如图 3-48 所示；图形中间为一个倒角的正方形。

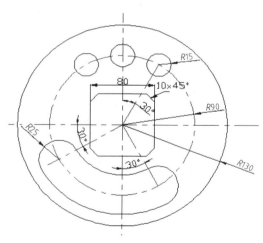

图 3-48　任务图形

2. 图形绘制

1）画中心线，绘制 $R90$ mm 和 $R130$ mm 圆

单击"格式"下拉菜单，选择"图层"，弹出"图层"对话框。在对话框中，新建"图层"，加载线型为"CENTER"，设置颜色为红色，线宽为 0.09 mm，图层名称为"中心线"。再新建一图层，线型保持默认，颜色保持默认（白色），线宽为 0.30 mm，图层名称为"粗实线"，然后单击"确定"按钮，保存"图层"设置。

单击"中心线"层为当前图层，调用"直线"命令，绘制圆的中心线。

单击"粗实线"层为当前图层，单击 ⊘ 按钮，调用"圆"命令，重复使用绘圆命令，采用"给定圆心（已绘中心线的交点）和半径"的方式，依次画出 $R90$ mm 和 $R130$ mm 同心圆。绘制好的图形如图 3-49 所示。

命令：_circle 指定圆的圆心或 ［三点(3P)/两点(2P)/相切、相切、半径(T)］：

指定圆的半径或 ［直径(D)］:90 　　　　　　//绘制半径为 90 mm 的圆

命令：_circle 指定圆的圆心或 ［三点(3P)/两点(2P)/相切、相切、半径(T)］：

指定圆的半径或 ［直径(D)］ <90.0000>:130 　//绘制半径为 130 mm 的圆

2）绘制和 X 轴负方向成 30°，以及和 Y 轴负方向成 30° 的两条直线

（1）绘制直线。首先调用"直线"命令，绘制一条以端点为圆心，与 X 轴正方向重合的直线，直线长度为 130 mm。

（2）单击"修改"工具栏中的 ⟳ 按钮，选择绘制的直线为旋转对象，回车，选择中心线交点为旋转基点，在系统提示中选择"复制【C】"模式，输入"旋转角度"为"210"，回车，完成与 X 轴正方向成 210°（即与 X 轴负方向成 30°）的直线绘制。

（3）再次调用"旋转"命令，选择绘制的直线为旋转对象，回车，选择中心线交点为基点，输入"旋转角度"为"300"，回车，完成直线逆时针 300° 旋转，绘制出与 Y 轴负方向成 30° 的直线。最终获得的图形如图 3-50 所示。

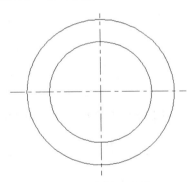

图 3-49　绘制同心圆

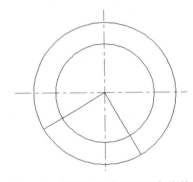

图 3-50　绘制给定角度的两条直线

命令：_line 指定第一点：

指定下一点或 ［放弃(U)］:130 　//绘制端点在圆心,长为 130 mm,沿 X 轴正向的直线

命令：_rotate 　　　　　　　　　　　　//调用"旋转"命令

UCS 当前的正角方向：ANGDIR=逆时针　ANGBASE=0

选择对象:找到 1 个 　　　　　　　　　　//指定"旋转"对象

指定基点： 　　　　　　　　　　　　　　//旋转基点

指定旋转角度,或 ［复制(C)/参照(R)］ <0>: c 　//选择复制模式

旋转一组选定对象。

指定旋转角度,或 ［复制(C)/参照(R)］ <0>: 210 　//旋转角度为 210°

命令：_rotate

UCS 当前的正角方向：ANGDIR=逆时针　ANGBASE=0

选择对象:找到 1 个

指定基点:

指定旋转角度,或 [复制(C)/参照(R)] <210>: 300　　　　　　　　//旋转角度为300°

3）绘制 R15 mm 和 R25 mm 的圆

调用"圆"命令,分别在图 3-51 图示位置绘制 R15 mm 和 R25 mm 的圆。

命令:_circle 指定圆的圆心或 [三点(3P)/两点(2P)/相切、相切、半径(T)]:

指定圆的半径或 [直径(D)]:15　　　　　　　　　　　　　//绘制半径为 15 mm 的圆

命令:_circle 指定圆的圆心或 [三点(3P)/两点(2P)/相切、相切、半径(T)]:

指定圆的半径或 [直径(D)] <15.0000>:25　　　　　　　　//绘制半径为 25 mm 的圆

4）旋转复制 R15 mm 小圆

单击"修改"工具栏中的 🔄 按钮,选择绘制的 R15 mm 圆为旋转对象,回车,选择中心线交点为旋转基点,在系统提示中选择"复制【C】"模式,输入"旋转角度"为"30",回车,在原来 R15 mm 圆左侧复制生成一个小圆,如图 3-52 所示。

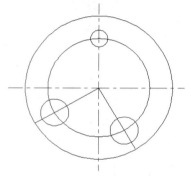

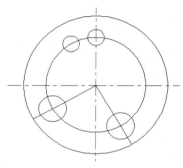

图 3-51　绘制 R15 mm 和 R25 mm 圆后的图形　　　图 3-52　旋转复制 R15 mm 小圆

命令:_rotate　　　　　　　　　　　　　　　//调用"旋转"命令

UCS 当前的正角方向: ANGDIR=逆时针　ANGBASE=0

选择对象:找到 1 个

指定基点:

指定旋转角度,或 [复制(C)/参照(R)] <300>: c

旋转一组选定对象。

指定旋转角度,或 [复制(C)/参照(R)] <300>: 30　　　//旋转角度为逆时针 30°

5）镜像复制 R15 mm 小圆

单击"修改"工具栏中的 ⚎ 按钮,选择左侧小圆为镜像对象,单击鼠标右键,在垂直中心线上依次选择两点作为第一和第二基准点,回车,在系统提示选项中选择"不删除源对象"。完成 R15 mm 小圆镜像复制,如图 3-53 所示。

命令:_mirror　　　　　　　　　　　　　　　//调用"镜像"命令

选择对象:找到 1 个

指定镜像线的第一点:指定镜像线的第二点:　　　//指定镜像基准点

要删除源对象吗?[是(Y)/否(N)] <N>:　　　　　//选择不删除源文件

6）绘制弧线

在绘图下拉菜单中调用"圆弧"命令，选择"起点、圆心、端点（S）"绘圆弧模式，在绘图界面按圆弧起点、圆心、端点的顺序在图中选择各点，绘制出两条弧线。下面以内侧弧线绘制为例，说明"起点、圆心、端点"的选择方法。在图 3-54 中，调用"圆弧"命令后，选择 A 为起点、O 为圆心、B 为终点绘制出内侧圆弧线。在图层命令中，将 R90 圆改为"中心线"图层，使其显示为"CENTER"线型。

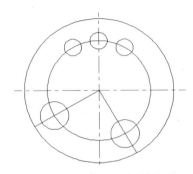

图 3-53　镜像复制小圆后图形

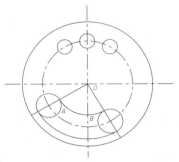

图 3-54　绘制圆弧线后的图形

命令：_arc 指定圆弧的起点或 [圆心(C)]：　　　　　　　　//指定起点
指定圆弧的第二个点或 [圆心(C)/端点(E)]：_C 指定圆弧的圆心：　//选择圆心
指定圆弧的端点或 [角度(A)/弦长(L)]：　　　　　　　//选择端点

7）修剪和删除图中的多余线段

使用"删除"命令和"修剪"命令，将图中的多余线段予以删除，最终形成如图 3-55 所示的图形。

8）绘制中间的正方形

单击"绘图"工具栏中的 ⬠ 按钮，调用"正多边形"命令，输入数字"4"，选择中心交点为正方形的中心，选择"外切于圆（C）"子选项，输入圆半径为"40"，回车，完成正方形的绘制，如图 3-56 所示。

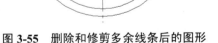

图 3-55　删除和修剪多余线条后的图形

9）正方形的 4 个角倒角

单击"修改"工具栏中的 ⬦ 按钮，调用"倒角"命令。重复使用命令 4 次，对正方形的 4 个角进行倒角，最终完成整个图形的绘制，如图 3-57 所示。

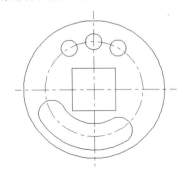

图 3-56　绘制正方形后的图形

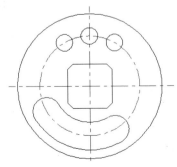

图 3-57　正方形的 4 个角倒角后的整个最终图形

项目三　平面图形的绘制与编辑

命令：_chamfer   //调用"倒角"命令

("修剪"模式) 当前倒角距离 1 = 0.0000,距离 2 = 0.0000

选择第一条直线或 [放弃(U)/多段线(P)/距离(D)/角度(A)/修剪(T)

/方式(E)/多个(M)]: d   //选择"距离"模式

指定第一个倒角距离 <0.0000>:10   //第一个倒角距离为10 mm

指定第二个倒角距离 <10.0000>:10   //第二个倒角距离为10 mm

选择第一条直线或 [放弃(U)/多段线(P)/距离(D)/角度(A)/修剪(T)/方式(E)/多个(M)]:

选择第二条直线,或按住"Shift"键选择要应用角点的直线：   //选择倒角对象

3. 知识扩展

1）"镜像"命令

命令调用方式：

◆ 选择下拉菜单：【修改】/【镜像】

◆ 单击"修改"菜单栏中的按钮：⚠

◆ 在命令行里输入命令：MIRROR

"镜像"命令在使用时，系统会提示"是否删除源对象【是（Y）/不（N）】:"，如果选择"Y"，则在镜像的同时删除了源图像；如果选择"N"，则图形绕镜像对称线翻转，形成镜像图形。

创建文字、属性和属性定义的镜像时，如果按照轴对称图形进行，则结果为被翻转和倒置的图形，比如图 3-58（a）所示为倒置的图形。为了避免这种情况，应该将系统变量MIRRTEXE 设置为关闭状态。设置为关闭状态后，获得的图形如图 3-58（b）所示。

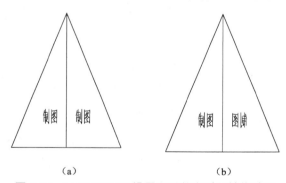

（a）   （b）

图 3-58　MIRRTEXT 设置不同状态时的镜像结果
（a）设置为开状态；（b）设置为关闭状态

镜像轴在选择时要注意，镜像轴可以设置在图形上，也可设置在图形外，既可以是水平线、垂直线，也可以是斜线。如图 3-59 所示的镜像线就为斜线。

2）"圆弧"命令

（1）命令调用方式：

◆ 选择下拉菜单：【绘图】/【圆弧】

◆ 单击"绘图"工具栏中的按钮：⌒

◆ 命令行键入命令：ARC

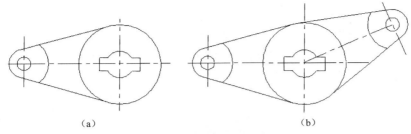

图 3-59　镜像轴线为斜线的镜像

（a）原始图形；（b）镜像后图形

（2）"圆弧"命令子选项介绍。单击绘图下拉菜单后，会弹出如图 3-60 所示的子菜单。下面对下拉菜单中的各个子选项作以说明，以便于后期应用过程中的灵活使用。

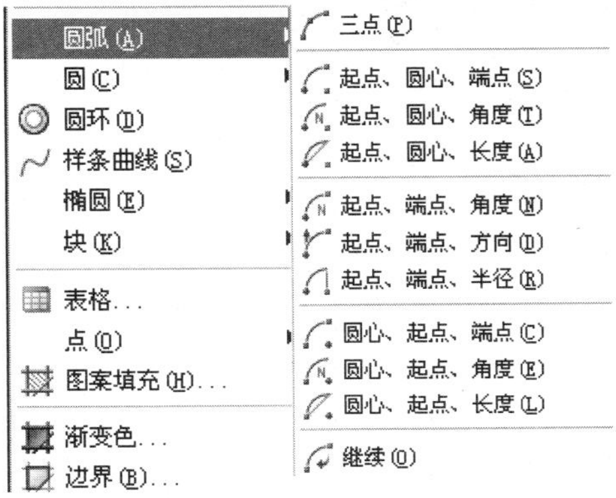

① 起点、圆心、端点：通过在屏幕上依次指定圆弧起点、圆心和终点，按逆时针方向绘制圆弧线。

② 起点、圆心、角度：通过指定圆弧的起点、圆心和角度绘制圆弧。如果输入的角度为正值，则所绘的圆弧从起点绕圆心逆时针方向绘制；若输入的角度为负值，则所绘的圆弧从起点绕圆心顺时针方向绘制。

图 3-60　"圆弧"命令子选项

③ 起点、圆心、长度：通过指定圆弧的起点、圆心和给定圆弧的弦长来绘制圆弧。值得注意的是，圆弧的弦长不能大于起点到圆心距离的两倍，否则，系统将提示"无效"。

④ 起点、端点、角度：通过指定圆弧的起点、端点和圆心角度绘制圆弧。若输入的圆心角为正值，则按逆时针方向绘制圆弧；若输入的角度为负值，则按顺时针方向绘制圆弧。

⑤ 起点、端点、方向：通过指定圆弧的起点、端点和方向绘制圆弧。

⑥ 起点、端点、半径：通过指定圆弧的起点、端点和圆弧的半径绘制圆弧。

⑦ 圆心、起点、端点：通过指定圆弧的圆心、起点和端点绘制圆弧。

⑧ 圆心、起点、角度：通过指定圆弧的圆心、起点和角度绘制圆弧。

⑨ 圆心、起点、长度：通过指定圆弧的圆心、起点和弦长来绘制圆弧。

⑩ 继续：当选择此选项时，将绘制与上一条直线、圆弧或多段线相切的圆弧。在执行绘制圆弧命令，系统命令行提示"指定圆弧的起点或[圆心(C)]:"时，直接回车，则为默认选择了该选项。

3）"倒角"命令

（1）命令调用方式：

◆　选择下拉菜单：【修改】/【倒角】

◆　单击"修改"菜单栏中的按钮：

"倒角"命令可以为直线、多段线、参照线和射线倒角，可以使被倒角的对象保持倒角前的形状，或者将对象修剪或延伸到倒角线。

项目三　平面图形的绘制与编辑

（2）"倒角"命令子选项：

① 距离（D）：设置倒角至选定边端点的距离。

② 角度（A）：用第一条线的倒角距离和第一条线的角度进行倒角。如图 3-61 所示图形，采用角度（A）倒角。

命令：_chamfer　　　　　　　　　　　　　//调用"倒角"命令

("修剪"模式) 当前倒角距离 1 = 0.0000,距离 2 = 0.0000

选择第一条直线或 [放弃(U)/多段线(P)/距离(D)/角度(A)/修剪(T)/方式(E)/多个(M)]:a

　　　　　　　　　　　　　　　　　　　　//指定角度(A)模式

指定第一条直线的倒角长度 <0.0000>:10　　　//指定第一条直线倒角长度

指定第一条直线的倒角角度 <0>:45　　　　　　//指定第一条直线倒角角度

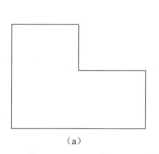 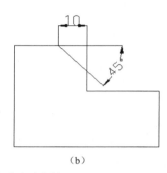

（a）　　　　　　　　　　　　（b）

图 3-61　采用距离和角度倒角

（a）原始图形；（b）倒角后图形

③ 修剪（T）和多段线（P）：与"倒圆角"命令使用方法相似。

④ 方式（E）：控制两个距离，或是控制一个距离和一个角度进行倒角。

⑤ 多个（M）：给多个对象倒角。在单击回车键之前所选的对象，都是要进行倒角的对象。

⑥ 放弃（U）：选择此选项，则完全放弃倒角命令。

任务五　绘制平面图形实例 5

1. 图形分析

任务图形如图 3-62 所示，该图形主体由半径为 $R24$ mm、$R30$ mm、$R50$ mm 3 个同心圆组成，两端同心圆的半径分别为 $R8$ mm 和 $R16$ mm，底座厚度为 21 mm，底座上孔的直径为 $\phi15$ mm，筋板厚度为 16 mm，各处圆角均为 $R5$ mm。上部分整体相对底座成 30° 夹角。

2. 图形绘制

1）画中心线，绘制同心圆

单击"格式"下拉菜单，选择"图层"，弹出"图层"对话框。在对话框中新建"图层"，加载线型为"CENTER"，设置颜色为红色，线宽为 0.09 mm，图层名称为"中心线"。再新建一图层，线型保持默认，颜色保持默认（白色），线宽为 0.30 mm，图层名称为"粗实线"。

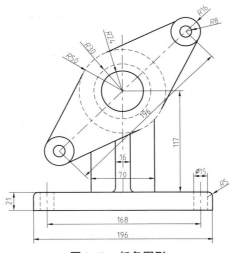

图 3-62　任务图形

单击"确定"按钮，保存"图层"设置。单击"中心线"层为当前图层，调用"直线"命令，绘制圆的中心线。

单击"粗实线"层为当前图层，单击 ⊘ 按钮，调用"圆"命令，重复使用绘圆命令，采用"给定圆心（已绘中心线的交点）和半径"的方式依次画出 $R8$ mm、$R16$ mm、$R24$ mm、$R30$ mm 和 $R50$ mm 同心圆，并选中 $R30$ mm 和 $R50$ mm 的圆，将其线型改为"虚线"，绘制好的图形如图 3-63 所示。

2）绘制底座

单击"修改"工具栏中的 按钮，将垂直中心线向左分别偏移

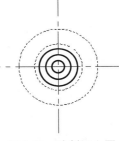

图 3-63　绘制同心圆

8 mm、35 mm、84 mm、98 mm，将水平中心线向下分别偏移 117 mm、138 mm，形成如图 3-64 所示图形。偏移命令在前节已讲述，这里不再赘述。

3）修剪和删除多余线条

单击"修改"工具栏中的 按钮，调用"修剪"命令，对图中的多余线条进行修剪。接着单击"修改"工具栏中的 按钮，调用"打断"命令，将各中心线伸出太长的部分进行打断，再调用"删除"命令，将打断后不需要的线条删除，绘制出底座的基本轮廓。完成后的图形如图 3-65 所示。

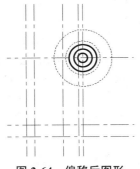

图 3-64　偏移后图形

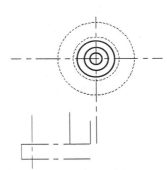

图 3-65　修剪和删除多余线条后的图形

修剪命令和删除命令在前面项目中已经讲述，这里不再详述，此处只节选"打断"命令，供大家参考。

命令:_break 选择对象:　　　　　　　　　　//调用打断命令

指定第二个打断点 或 [第一点(F)]:　　　　//指定打断第一点

指定第二个打断点 或 [第一点(F)]:　　　　//指定打断第二点

4）绘制底座上的小孔

调用"偏移"命令，选小孔中心线为偏移对象，分别向左和向右偏移 7.5 mm，调用"修剪"命令，将多余线条修剪掉。选中底座上除小孔中心线以外的其他线段，改变其线型属性为"粗实线"。完成后的图形如图 3-66 所示。

5）"移动"同心圆

单击"修改"工具栏中的 ✛ 按钮，调动"移动"图形命令，选择 R8 mm 和 R16 mm 同心圆为移动对象，选择中心线交点为移动基点，选择水平中心线上垂直中心线左侧 98 mm 处为移动指定点。移动后的图形如图 3-67 所示。

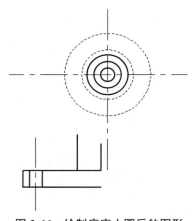

图 3-66　绘制底座小圆后的图形　　　　图 3-67　移动同心圆后的图形

命令:_move　　　　　　　　　　　　　　//调用"移动"命令

选择对象:找到 1 个

选择对象:找到 1 个,总计 2 个　　　　　//选择同心圆为对象

指定基点或 [位移(D)] <位移>:<对象捕捉 开>　　//选择基点

指定第二个点或 <使用第一个点作为位移>:　　//选择移动指定点

6）绘制共切线

调用"直线"命令，单击"对象捕捉"工具栏中的 ⌀ 按钮，调用"捕捉切点"命令，然后单击 R16 mm 圆；再单击 ⌀ 按钮，调用"捕捉切点"命令，然后单击 R50 mm 圆，则完成 R16 mm 圆与 R50 mm 圆公切线的绘制。用同样方法绘出另一条公切线，完成的图形如图 3-68 所示。

绘制公切线命令如下:

命令:_line 指定第一点:_tan 到　　　　//指定公切线起点

指定下一点或 [放弃(U)]:_tan 到

指定下一点或 [放弃(U)]:　　　　　　　//指定公切线终点

7）镜像图形

单击"修改"工具栏中的 按钮，调用"镜像"命令。选择左边需要镜像的线条为对象，以垂直中心线为镜像线，选择垂直中心线上的两点为第一、第二基点，系统提示"要删除源对象吗？［是（Y）/否（N）］<N>："时，选择"N"模式。镜像后的图形如图 3-69 所示。

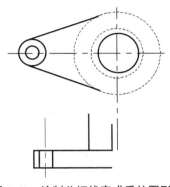

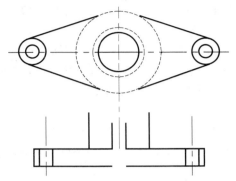

图 3-68　绘制公切线完成后的图形　　　　图 3-69　镜像后的图形

8）旋转图形上部分

单击"修改"工具栏中的 按钮，调用"旋转"命令，选择底座以上部分的图形为旋转对象，以中心线的交点为旋转基点，输入旋转角度为"30"，回车，完成图形旋转，旋转后的图形如图 3-70 所示。

旋转图形命令如下所示：

```
命令:_rotate                            //调用"旋转"命令
UCS 当前的正角方向：ANGDIR=逆时针  ANGBASE=0
找到 13 个                              //找到 13 个旋转对象
指定基点：                              //选择中心线交点为基点
指定旋转角度,或 [复制(C)/参照(R)] <0>: 30   //旋转角度为 30°
```

9）延伸底座上的直线

单击"修改"工具栏中的 按钮，调用"延伸"命令，选择上部图形的边界为延伸边界，选择底座上需要延伸的线条为延伸对象，回车，完成底座上线条延伸，形成如图 3-71 所示图形。

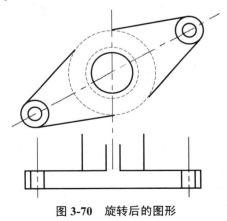

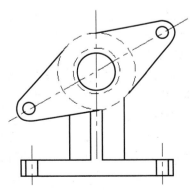

图 3-70　旋转后的图形　　　　图 3-71　底座上直线延伸后的图形

命令:_extend   //调用"延伸"命令

当前设置:投影=UCS,边=延伸

选择边界的边...找到 1 个   //指定延伸边界

选择要延伸的对象,或按住"Shift"键选择要修剪的对象,或

[栏选(F)/窗交(C)/投影(P)/边(E)/放弃(U)]:   //指定延伸对象

10）倒圆角

单击"修改"工具栏中的⌐按钮，调用"倒圆角"命令。将图中要求的部位进行倒圆角，图中各处要求圆角半径均为 *R*5 mm。"圆角"命令的使用方法，参照前面内容，此处只节选了图形倒圆角时的部分命令，供大家参考，具体细节不再赘述。

命令:_fillet   //调用"倒圆角"命令

当前设置:模式 = 修剪,半径 = 0.0000

选择第一个对象或 [放弃(U)/多段线(P)/半径(R)/修剪(T)/多个(M)]:r

                                //半径模式

指定圆角半径 <0.0000>:5   //半径值为 5 mm

选择第一个对象或 [放弃(U)/多段线(P)/半径(R)/修剪(T)/多个(M)]:

                                //第一个对象

选择第二个对象,或按住"Shift"键选择要应用角点的对象: //第二个对象

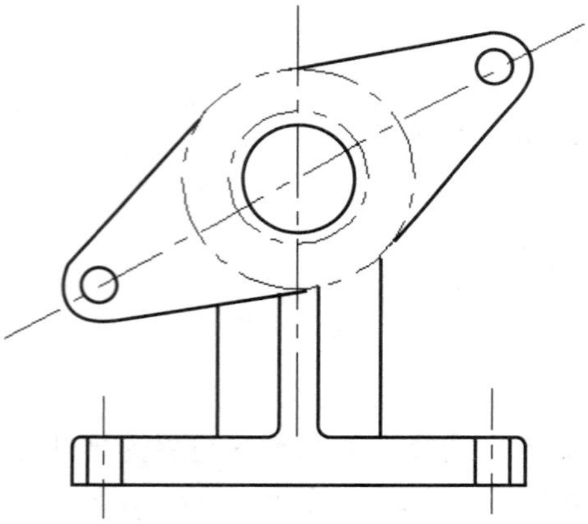

图 3-72　完成后的图形

进行倒圆角后，完成整个图形的绘制，如图 3-72所示。

3. 知识扩展

1）"移动"命令

命令调用方式:

◆ 选择下拉菜单：【修改】/【移动】

◆ 单击"修改"工具栏中的按钮：✣

◆ 在命令行里输入命令：MOVE

"移动"命令在使用时，可以在指定方向上按照位移或指定的距离移动对象。移动时要指定移动基点，移动基点选择时要以方便定位移到的点为依据，尽量选择图形的形心。同时，"移动"命令使用时，配合使用"对象捕捉"命令，以便准确定位。

2）"延伸"命令

命令调用方式:

◆ 选择下拉菜单：【修改】/【延伸】

◆ 单击"修改"工具栏中的按钮：─／

◆ 在命令行键入命令：EXTEND

"延伸"命令的使用方法与"修剪"命令相仿，对象选择和子选项与"修剪"命令基本相同。有时"延伸"命令和"修剪"命令可以交换使用，在使用"延伸"命令时，按住"Shift"键，执行的就是"修剪"命令；同样的，在使用"修剪"命令时，按住"Shift"键，执行的就是"延伸"命令。这些用法在命令使用时，系统也有自动提示。

3

3）"打断"命令

命令调用方式：

◆ 选择下拉菜单：【修改】/【打断】

◆ 单击"修改"工具栏中的按钮：

◆ 在命令行输入：BREAK

（1）"打断"命令应用对象：

① 圆弧、圆、椭圆、椭圆弧；

② 直线、多段线、射线、样条曲线、构造线等。

（2）如果第二个点不在对象上，则系统会自动选择对象上的最近点。因此，要删除直线、圆弧或多段线的一端，可以在要删除的一端指定第二个打断点。

（3）要将对象一分为二且不删除某个部分，输入的第一个点和第二个点位置应相同。通过输入@指定第二个点，即可实现此过程；也可单击"修改"工具栏中的"打断于点"按钮 。

（4）在打断圆时，按逆时针方向，从第一个打断点至第二个打断点间的弧线被剪掉。

（5）使用打断命令时，最好关闭"对象捕捉"，否则将会在指定打断点时遇到一定的麻烦。

任务六 绘制平面图形实例6

1. 图形分析

已知图形如图 3-73（a）所示，在该图形的基础上，通过图形编辑操作，绘制出任务图形［见图 3-73（b）］。任务图形主体为一倒圆角矩形，4 个角分布 4 个小孔，中心分布 2 个同心圆，有剖面线，在图形左下角有"零件"字样。下面将在图 3-73（a）中直接修改，详细过程如"2. 图形绘制"中所述。

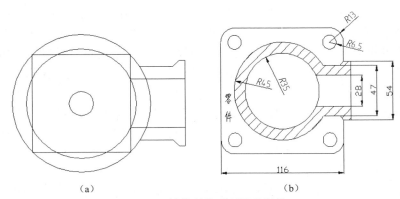

（a）   （b）

图 3-73 镜像轴线为斜线的镜像

（a）原始图形；（b）任务图形

2. 图形绘制

1）缩小图形中指定的部分

单击"修改"工具栏中的"缩放"按钮 ，选择如图 3-73（a）所示图形中除"正方形"以外的其他图形为缩放对象，单击鼠标右键确认，在屏幕上单击同心圆的圆心为缩放基点，在命令行"指定比例因子或 [复制（C）/参照（R）] <1.0000>:"后输入"0.5"，则选中部分缩小为原来的一半，完成图形指定部分的缩小，形成如图 3-74 所示的图形。

命令:_scale　　　　　　　　　　　　　　　　　　//调用"缩放"命令

选择对象:找到 1 个

选择对象:找到 1 个,总计 2 个

选择对象:找到 1 个,总计 12 个　　　　　　　//选择除正方形外的其他线条

指定基点:　　　　　　　　　　　　　　　　　//以同心圆的圆心为基点

指定比例因子或 [复制(C)/参照(R)] <1.0000>: 0.5　//比例因子为0.5

2）确定 4 个角小孔的位置

单击"修改"工具栏中的 ⬚ 按钮，调用"偏移"命令。选择"正方形"为偏移对象，偏移距离输入"13"，偏移方向在屏幕上单击正方形内侧，完成正方形的偏移，形成如图 3-75 所示的图形。图中小正方形的 4 个顶点即为需要确定的 4 个角小孔的位置。

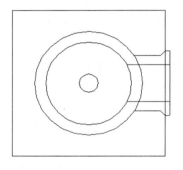

图 3-74　指定部分缩小后的图形

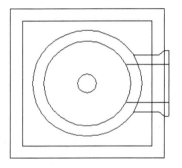

图 3-75　偏移正方形后的图形

3）移动小圆到给定位置

单击"修改"工具栏中的 ✛ 按钮，调用图形"移动"命令。选择中心小圆为移动对象，并选择同心圆的圆心为移动基点，单击鼠标右键确认。再选择小正方形的左上角顶点为指定点（需要说明的是，选择小正方形的任意一个顶点都可以，这里只是以左上角顶点为例），在移动过程中开启"对象捕捉"命令，以便快速、准确定位。移动后的图形如图 3-76 所示。

4）阵列复制小圆

单击"修改"工具栏中 ⬚ · 按钮，调用"环形阵列"命令，选择小圆为对象，选择同心圆的圆心为阵列中心，"项目数"输入"4"，完成小圆的阵列复制。阵列复制后的图形如图 3-77 所示。

5）修剪、删除多余线条

单击小正方形，将小正方形选中，再单击右键弹出快捷菜单，选择"删除"命令将小正方形删除。单击"修改"工具栏中的 ⚡ 按钮，调用"修剪"命令，将多余的线条修剪掉。经过"删除"和"修剪"编辑后，形成如图 3-78 所示图形。

6）大正方形倒圆角

单击"修改"工具栏中的 ⬚ 按钮，调用"倒圆角"命令，选择"子选项【R】"，在命令行输入"R"，回车，输入数字"13"，单击鼠标右键（或回车键），选择大正方形的 4 条边为倒圆角对象，完成倒圆角。图形经编辑后如图 3-79 所示。

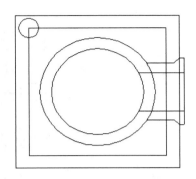

图 3-76　移动小圆后的图形

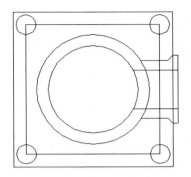

图 3-77　阵列复制小圆后的图形

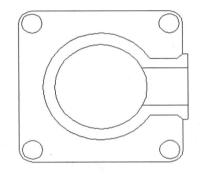

图 3-78　修剪、删除多余线条后的图形

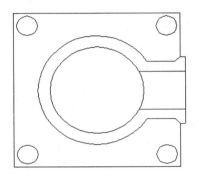

图 3-79　倒圆角后的图形

7）给指定部位填充剖面线

单击"绘图"工具栏中的 ▦ 按钮，调用"图案填充"命令，弹出"图形填充命令"对话框。单击选择"ANSI31"选项，单击"拾取点"按钮，鼠标在同心圆之间的区域单击，选择填充区域，查看预览图形，如果需要修改，则鼠标单击重新设置各参数；如果预览合适，单击"关闭图案填充创建"，从而完成图形的绘制。填充剖面线后的图形如图 3-80 所示。

8）文字输入与编辑

单击"绘图"工具栏中的 **A** 按钮，调用"多行文字"命令。在需要输入文字的部位单击，弹出"文字样式控制"列表，选择字体为"宋体"，字高为"5.0"，输入文字"零件"，回车确认。输入文字后的图形如图 3-81 所示。文字输入完成后，整个任务图形绘制完毕。

```
命令：_mtext                                    //调用"多行文字"命令
当前文字样式："宋体"  文字高度：5.0            //设置字体类型和字高
指定第一角点：                                  //鼠标单击屏幕指定文字起点
指定对角点或［高度(H)/对正(J)/行距(L)/旋转(R)/样式(S)/宽度(W)/栏(C)］:j
                                               //输入"J"
输入文字：零件                                  //键盘输入
输入文字：                                      //回车,结束命令
```

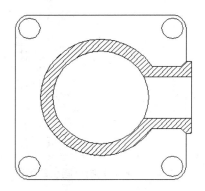

图 3-80　填充剖面线后的图形

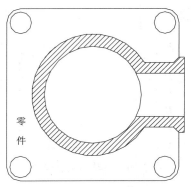

图 3-81　输入文字后的图形

3．知识扩展

1）"缩放"命令

命令调用方式：

◆ 选择下拉菜单：【修改】/【缩放】

◆ 单击"修改"工具栏中的按钮：

缩放命令可以改变图形的大小，当比例因子大于 1 时，图形放大；当比例因子小于 1 时，图形缩小；当比例因子等于 1 时，图形不变。不管比例因子是大于 1 还是小于 1，也不管图像是放大还是缩小，图形的横向尺寸与纵向尺寸的比例都是不变的。

可以通过指定基点和长度或输入比例因子来缩放对象，还可以利用参照对象进行缩放。如图 3-82 所示就是利用了参照进行放大编辑。

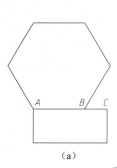

（a）　　　　　　　　　　　　　　　　　　　　（b）

图 3-82　利用参照进行放大

（a）放大前；（b）放大后

```
命令：_scale
选择对象:找到 1 个                    //选择正六边形为对象
选择对象:                            //回车
指定基点:                            //指定 A 点
指定比例因子或 [复制(C)/参照(R)] <1.0000>: r
指定参照长度 <1.0000>:                //捕捉 A 点
```

指定第二点：	//捕捉 B 点
指定新的长度或 [点(P)] <1.0000>：	//捕捉 C 点

2）"多行文字"命令

命令调用方式：

◆ 选择下拉菜单：【绘图】/【文字】/【多行文字】

◆ 单击"绘图"工具栏按钮：**A**

◆ 在命令行键入命令：MTEXT

修改编辑多行文字的方法：

（1）利用多行文字编辑器编辑多行文字。

① 单击"文本"工具栏中的按钮：**A**；

② 双击要编辑的文字；

③ 在命令行输入命令：DDEDIT。

打开"文字编辑器"窗口，如同文本文档编辑一样，选择需要修改的文字。在"字体"下拉菜单中选择所需的字体，在"文字高度"文本框中输入高度数值，或者设置字体颜色；也可对文字进行复制、剪切、文字对正编辑、插入已有的文本文档、设置背景等操作，方法与编辑 Word 文档的方法类似。

（2）利用"特性"选项板修改多行文字。

单击"标准"工具栏中的"特性"按钮 ▣，弹出"特性"选项板，如图 3-83 所示。选择要编辑的多行文字，根据需要进行修改编辑。

图 3-83 "特性"选项板

小 结

本项目通过 6 个典型任务图形的绘制步骤讲解，将绘图命令和修改命令融入绘图过程中，使每个命令的具体使用方法与使用技巧在绘图过程中得到了学习和训练。本项目主要介绍的绘图命令有：直线、正多边形、圆弧、圆、图形填充、多行文字等；修改命令有：复制、移动、修剪、偏移、阵列、镜像、延伸、圆角、倒角、分解、旋转、缩放、打断等。

通过本项目的学习，基本掌握图形的绘制与编辑方法，同时尽快适应 AutoCAD 高级认证试题的解题思路和解题方法。

练 习

一、选择题

1. 剪切线条需用（ ）命令。

A. Trim B. Extend

C. Stretch D. Chamfer

2. 当使用"LINE"命令封闭多边形时，最快的方法是（ ）。

A. 输入 C 回车 B. 输入 B 回车

C. 输入 PLOT 回车　　　　　　　　　　D. 输入 DRAW 回车

3. 打开/关闭正交方式的功能键为（　　　）。

A. F1　　　　　　B. F8　　　　　　C. F6　　　　　　D. F9

4. 文字在镜像之后，要使其仍保持原来的排列方式，则应将 MIRRTEXT 变量的值设置为（　　　）。

A. 0　　　　　　B. 1　　　　　　C. ON　　　　　　D. OFF

5. "ARC" 子命令中的（S，E，A）指的是哪种画圆弧方式？（　　　　）

A. 起点、圆心、终点　　　　　　　　B. 起点、终点、半径

C. 起点、圆心、圆心角落　　　　　　D. 起点、终点、圆心角

6. "CIRCLE" 命令中的 TTR 选项是指用（　　　）方式画圆弧。

A. 端点、端点、直径　　　　　　　　B. 端点、端点、半径

C. 切点、切点、直径　　　　　　　　D. 切点、切点、半径

7. 执行 "OFFSET" 命令前，必须先设置（　　　）。

A. 比例　　　　　　B. 圆　　　　　　C. 距离　　　　　　D. 角度

二、判断题

1. "LENGTHEN" 命令不能改变圆弧的长度。　　　　　　　　　　　（　　　）

2. "阵列" 命令不能阵列出倾斜对象。　　　　　　　　　　　　　（　　　）

3. "矩形" 命令只能绘出直角矩形。　　　　　　　　　　　　　　（　　　）

4. 因为 COPY、OFFSET、MIRROR、ARRAY 等命令都能复制实体，因此它们是一样的。　　　　　　　　　　　　　　　　　　　　　　　　　　　　（　　　）

5. 镜像时，删除源对象就是将源对象翻转180°。　　　　　　　　　（　　　）

6. 在使用旋转命令时，如输入的角度数值为–45°，则逆时针旋转45°。　（　　　）

三、操作题

1. 请绘制题图 3-1 所示图形，不标注尺寸。

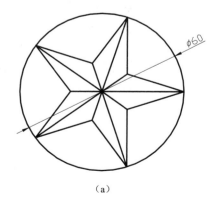
（a）

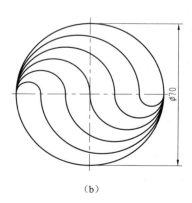
（b）

题图 3-1

2. 由题图 3-2（a）所示图形画出题图 3-2（b）所示图形。

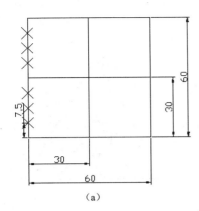

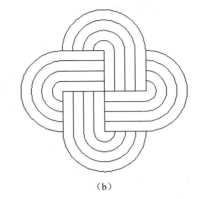

（a） （b）

题图 3-2

（a）原始图；（b）最终图

3. 用正多边形、圆命令绘制题图 3-3 所示图形。

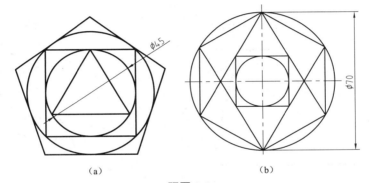

（a） （b）

题图 3-3

4. 根据尺寸绘制题图 3-4 所示图形。

5. 根据尺寸设置图层，绘制题图 3-5 所示图形。

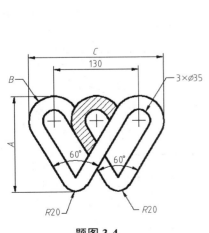

题图 3-4

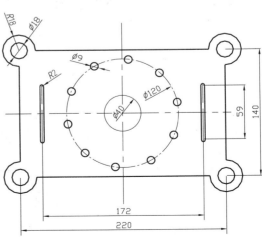

题图 3-5

6. 根据尺寸绘制题图 3-6 所示图形。

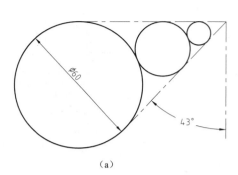

（a）　　　　　　　　　　　（b）

题图 3-6

7. 根据尺寸绘制题图 3-7 所示图形。

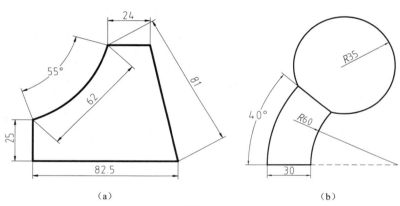

（a）　　　　　　　　　　　（b）

题图 3-7

8. 根据尺寸绘制题图 3-8 所示图形。

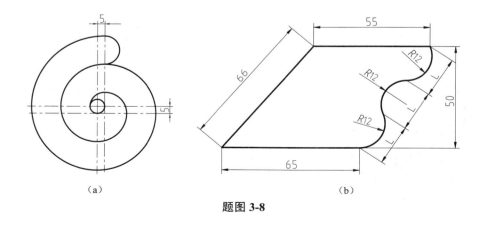

（a）　　　　　　　　　　　（b）

题图 3-8

9. 根据尺寸绘制题图 3-9 所示图形。

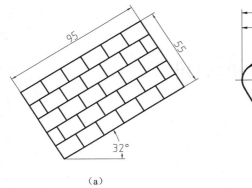

（a）

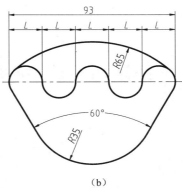

（b）

题图 3-9

10. 根据尺寸绘制题图 3-10 所示图形。

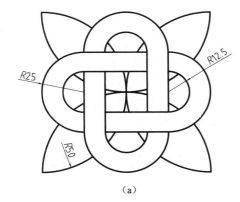

（a）

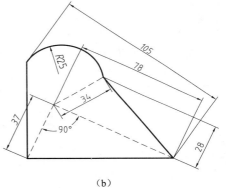

（b）

题图 3-10

项目四	图块与设计中心的应用

教学目标

本项目主要以实例形式介绍图块与设计中心的应用。通过本项目的学习，将掌握创建和存储图块、建立图块属性、编辑块和块属性；掌握利用 AutoCAD 设计中心管理图形文件，进行图形操纵。

学习重点

◇ 创建图块和图块属性、插入图块、编辑图块和图块属性
◇ 使用 AutoCAD 设计中心管理图形文件

任务一　图块认知

在 AutoCAD 中使用图块可以提高绘图效率，节省存储空间，并便于图形的修改。图块的特点主要体现在以下 4 个方面：

1. 提高绘图效率

在使用 AutoCAD 绘制图形时，如果把重复使用的图形制作成图块，在需要重复绘制时将制作好的图块插入其中，把绘图变成拼图，从而可以避免重复性的工作，提高绘图效率。

2. 节省存储空间

如果一幅图中绘有大量相同的图形，会占用较大的磁盘空间。如果事先把这些相同的图形定义成一个块，绘制时就可以把它们直接插入到图形中的相应位置，从而节省磁盘空间。

3. 可以添加属性

AutoCAD 可以为图形建立文字属性，也可以提取属性值，并将其传送到数据库中。

4. 便于修改图形

图形中相同的图形部分出错时，如果是按图块插入的，则只要修改一处，其他部分将全部自动修改。

任务二　图块的应用实例 1——图块的制作与插入

1. 任务引入

打开"/项目 4/4-1.dwg"文件，如图 4-1（a）所示。创建新图层"blue"，将颜色设置

为蓝色，线型设置为细实线，在该图层中制作具有属性的粗糙度图块，并将其插入到相应的位置，结果如图 4-1（b）所示。

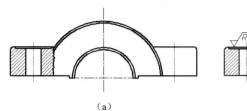

图 4-1   粗糙度标注图

2．图形分析

在插入的粗糙度图块中，由于粗糙度的值是变化的，因此建立具有属性的块，以便于填写。

3．图形绘制

（1）打开"/项目 4/4-1.dwg"文件。

（2）创建名称为"bule"的图层，并将颜色设置为蓝色，线型设置为细实线，如图 4-2 所示。

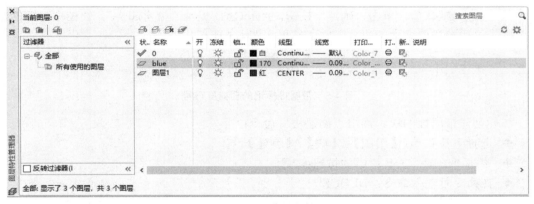

图 4-2   图层设置

（3）在"bule"图层中绘制粗糙度标记图形，如图 4-3 所示。

图 4-3   粗糙度符号

（4）定义属性。调用"定义属性"命令：

◆ 选择下拉菜单：【绘图】/【块】/【定义属性】

◆ 单击"绘图"工具栏中的按钮：

◆ 在命令行输入命令：ATTDEF

系统弹出"属性定义"对话框，如图 4-4 所示。

图 4-4 "属性定义"对话框

① 在属性标记中输入"Ra"。

② 在提示栏中输入"请输入粗糙度值"。

③ 在默认栏中输入"xx"。

④ 在"文字设置"选项组中，文字对齐方式选择"中间"，文字样式选择"Standard"，字高输入"7"。

⑤ 其他为默认值，单击"确定"按钮，AutoCAD 提示"指定起点"，在图中对应的位置单击，完成粗糙度属性的建立，完成结果如图 4-5 所示。

图 4-5 带属性标记的粗糙度符号

（5）创建带属性的块。调用"创建块"命令：

◆ 选择下拉菜单：【绘图】/【块】/【创建】

◆ 单击"绘图"工具栏中的按钮：

◆ 在命令行输入命令：BLOCK

系统弹出"块定义"对话框，如图 4-6 所示。

图 4-6 "块定义"对话框

① 在"名称"下拉列表中选择"粗糙度"。

② 单击"选择对象"按钮，选择带属性的粗糙度图形，并"保留"源对象。

③ 单击"拾取点"按钮，再单击粗糙度图形的最低点，返回到"块定义"对话框。

④ 其他各项按默认设置，单击"确定"按钮，完成粗糙度图块的建立。

（6）插入块。调用"插入块"命令：

◆ 选择下拉菜单：【插入】/【块】

◆ 单击"插入"选项卡"块"面板中的按钮：

◆ 在命令行输入命令：INSERT

系统弹出"插入"对话框，如图4-7所示。

① 在"名称"下拉列表中选择"粗糙度"。

② 在"插入点"选项组中勾选"在屏幕上指定"复选框。

③ 缩放比例设置为"1"。

④ 旋转角度输入"0"。

图 4-7 "插入"对话框

单击"确定"按钮，AutoCAD 提示"指定插入点"，捕捉相应的位置，完成图块的插入，AutoCAD 提示"请输入粗糙度值"，输入"6.3"，结果如图4-1（b）所示。

4. 知识扩展

1）"属性定义"对话框

（1）"不可见"复选框：用于设置插入块后是否显示属性值。勾选该复选框，属性不可见；否则属性可见。

（2）"固定"复选框：用于设置属性是否为固定值。勾选该复选框，在插入块时，该属性不再发生变化。

（3）"验证"复选框：用于设置属性是否对属性值进行验证。勾选该复选框，在插入块时，系统将给出提示，让用户验证所输入的属性值是否正确；否则不需要验证。

（4）"预置"复选框：用于确定是否将属性值直接预置为默认值。勾选该复选框，在插入块时，系统将把"属性定义"对话框的"值"文本框中输入的默认值自动设置成实际属性值，而不再要求用户输入新值；否则要求用户输入新值。

（5）"锁定位置"复选框：用于锁定块参照中属性的位置。勾选该复选框，在插入块时，整个块是一个整体，各部分不能单独移动；未勾选该复选框，属性可以相对于使用夹点编辑的块的其他部分移动，并且可以调整多行属性的大小。

注意：在动态块中，由于属性的位置包括在动作的选择集中，因此必须将其锁定。

（6）"多行"复选框：用于指定属性值可以包含多行文字。勾选该复选框，在插入块时，可以指定属性的边界宽度。

2）"块定义"对话框

（1）在"名称"下拉列表中可以给创建的图块输入新的名称，也可以重新定义已有的

图4-8 "重定义提示"对话框

图块。如果选择已有的名字，单击"确定"按钮后会弹出提示框，如图4-8所示。如果重新定义，则选择"是"按钮，否则选择"否"按钮，返回定义图块的对话框，再输入新的名字。

（2）如图4-6所示"对象"选项组中有以下选项：

保留：建立图块后，源对象仍然保留在图形中。

转换为块：建立图块后，将选择的对象转换为块。

删除：建立图块后，选择的对象将被删除。

（3）"说明"选项组：可以对建立的图块加以文字说明，

也可以不加说明。

任务三 图块的应用实例2——图块属性的修改

1. 任务引入

打开"/项目 4/4-2.dwg"文件，如图 4-9（a）所示。创建新图层"blue"，将颜色设置为蓝色，线型设置为细实线，在该图层中制作具有属性的粗糙度图块，并将其插入到相应的位置，结果如图4-9（b）所示。

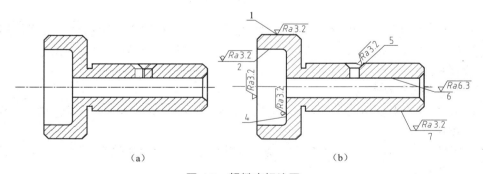

（a）　　　　　　　　　　　（b）

图4-9 粗糙度标注图

2. 图形分析

在该图形中，既有加工表面的粗糙度符号，也有非加工表面的粗糙度符号，因此需要制作两个图块，且粗糙度符号的插入位置和方向不同，因此，在插入时应该将创建的块进行相应的旋转，并对其属性进行对应的更改。

3. 图形绘制

（1）打开"/项目 4/4-2.dwg"文件。

（2）如前面所述，创建名称为"bule"的图层，并将颜色设置为蓝色，线型设置为细实线。

（3）在"blue"图层中绘制加工表面的粗糙度符号和非加工表面的粗糙度符号，如图 4-10 所示。

图 4-10　粗糙度符号

（4）定义属性。如前面所述，给加工表面的粗糙度符号定义属性。

（5）创建块。调用"创建块"命令，如前面所述，分别创建加工表面的粗糙度符号和非加工表面的粗糙度符号图块。

（6）插入块。调用"插入块"命令：

◆　选择下拉菜单：【插入】/【块】

◆　单击"绘图"工具栏中的按钮：

◆　在命令行输入命令：INSERT

系统弹出"插入"对话框，如图 4-11 所示。

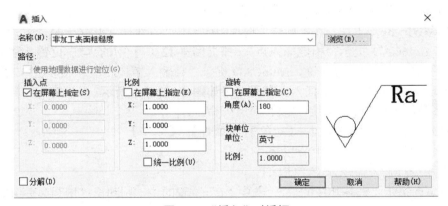

图 4-11　"插入"对话框

①　在"名称"下拉列表中选择"非加工表面粗糙度"。

②　在"插入点"选项组中勾选"在屏幕上指定"复选框。

③　缩放比例设置为"1"。

④　旋转角度输入"180"。

⑤　单击"确定"按钮，AutoCAD 提示"指定插入点"，捕捉图 4-12（a）中的"2"位置，完成一个非加工表面粗糙度块的插入，结果如图 4-12（a）所示。

⑥　重复①～③步工作，在旋转"角度"文本框输入"90"，单击"确定"按钮，AutoCAD 提示"指定插入点"，捕捉图 4-12（a）中的"4"位置，完成一个非加工表面粗糙度块的插入。

⑦　在"名称"下拉列表中选择"加工表面粗糙度"选项。

⑧　在"插入点"选项组中勾选"在屏幕上指定"复选框。

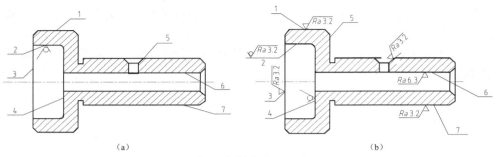

图 4-12　粗糙度块插入结果

⑨ 缩放比例设置为"1"。

⑩ 旋转角度输入"0"。

⑪ 单击"确定"按钮，AutoCAD 提示"指定插入点"，捕捉图 4-12（a）中的"1"位置，AutoCAD 提示"请输入粗糙度值"，输入"3.2"，完成一个加工表面粗糙度块的插入。

⑫ 重复⑦～⑨步工作，在旋转角度栏输入"90"，单击"确定"按钮，AutoCAD 提示"指定插入点"，捕捉图 4-12（a）中的"3"位置，AutoCAD 提示"请输入粗糙度值"，输入"3.2"，又完成一个加工表面粗糙度块的插入。

⑬ 利用同样的方法完成图 4-12（a）中"6""7"位置图块的插入，此时在旋转角度栏应输入"180"，"6"位置的粗糙度值应输入"6.4"。

⑭ 重复⑦～⑨步工作，在"旋转"选项组中勾选"在屏幕上指定"复选框，单击"确定"按钮，AutoCAD 提示"指定插入点"，捕捉图 4-12（a）中的"5"位置，移动鼠标，选择合适的角度，单击鼠标左键，AutoCAD 提示"请输入粗糙度值"，输入"12.5"，完成最后一个加工表面粗糙度块的插入，最终结果如图 4-12（b）所示。

（7）图块属性的修改。调用"属性修改"命令：

◆ 选择下拉菜单：【修改】/【对象】/【属性】/【单个】

◆ 单击"修改"工具栏中的按钮：

◆ 在命令行输入命令：EATTEDIT

AutoCAD 提示"选择相应的块"，选中"6"位置的块，则弹出"增强属性编辑器"对话框，如图 4-13 所示。

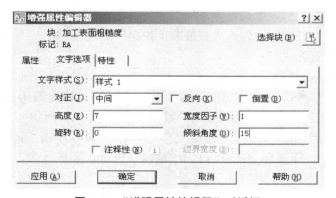

图 4-13　"增强属性编辑器"对话框

① 单击"文字选项"选项卡，将其中的"旋转"项由"180"改为"0"，则完成文字项的修改。

② 采用同样的方法完成"7"位置的块的属性修改，最终结果如图4-9（b）所示。

4．知识扩展

1）单个块属性修改

选择下拉菜单【修改】/【对象】/【属性】/【单个】，选择相应的块，打开"增强属性编辑器"对话框，如图4-13所示。单击"属性"选项卡，可以对粗糙度的值（属性的值）进行更改；单击"特性"选项卡，可以对块所在的图层、颜色、线型及线宽进行修改。

2）块属性管理器

如果文件中含有多个具有属性的图块，可以使用"块属性管理器"进行修改。

选择下拉菜单【修改】/【对象】/【属性】/【块属性管理器】，打开"块属性管理器"对话框，如图4-14所示。

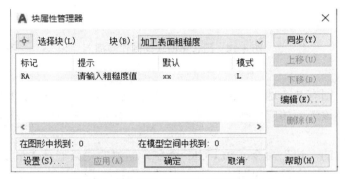

图 4-14 "块属性管理器"对话框（一）

单击"选择块"按钮，或在"块"下拉列表中选择要编辑的块（由于上面的任务中只有加工表面粗糙度的块带有属性，而非加工表面粗糙度的块没有属性，因此，此处的下拉列表中只有"加工表面粗糙度"一个选项）。选择要编辑的块后，单击右侧的"编辑"按钮，弹出"块属性管理器"对话框，如图4-15所示。在该对话框中，可以对属性的模式、数据以及文字选项和特性等进行编辑。

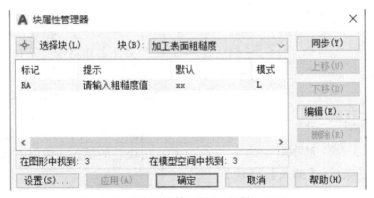

图 4-15 "块属性管理器"对话框（二）

任务四　图块的应用实例3——图块的写入

1. 任务引入

打开 "/项目 4/4-3.dwg" 文件，如图 4-16（a）所示，将图下方的门、窗符号写成块，并插入到相应的位置，结果如图 4-16（b）所示。

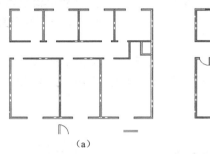

（a）　　　　　　　　　　　　　　（b）

图 4-16　门、窗图块的制作与插入

2. 图形分析

在该图形中分别有 7 个地方要插入门、窗图块，且门、窗图块的插入位置和方向不同，因此，在插入时应该选好相应的插入位置，并将块进行相应的旋转，以满足要求。

3. 图形绘制

使用前面所讲的 "块" 命令（BLOCK 命令）创建的块只能插入到当前文件中，如果要创建可以插入到不同文件中的图块，就需要用 "写块" 命令。

图 4-17　"写块" 对话框

（1）打开 "/项目 4/4-3.dwg" 文件。

（2）写块。在命令行输入 "WBLOCK" 命令（简写为 W），则弹出 "写块" 对话框，如图 4-17 所示。

① 在 "源" 选项组中选择 "对象" 单选按钮。

② 单击 "拾取点" 按钮，选择 "门符号" 的左下角顶点为插入点基点。

③ 单击 "选择对象" 按钮，选择 "门符号"。

④ 在 "文件名和路径" 下拉列表中选择合适的路径，并将文件名命名为 "门块"，也可通过右边的 ┉ 按钮为文件选择合适的位置进行保存。

⑤ 单击 "确定" 按钮，完成 "门块" 的写入。

⑥ 采用同样的方法，写入 "窗块"。

（3）"门块" 的插入。调用 "插入块" 命令：

◆ 选择下拉菜单：【插入】/【块】

◆ 单击 "插入" "块" 工具栏中的按钮：

◆ 在命令行输入命令：INSERT

系统弹出"插入"对话框，如图 4-18 所示。

图 4-18 "插入"对话框

① 在"名称"项单击右边的"浏览"按钮，弹出"选择图形文件"对话框，如图 4-19 所示。找到刚才所存块的路径，选择"门块"文件，单击"确定"按钮，回到"插入"对话框。

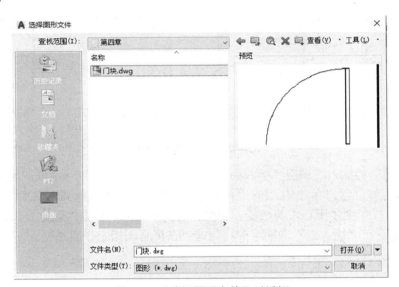

图 4-19 "选择图形文件"对话框

② 在"插入点"选项组中，勾选"在屏幕上指定"复选框。

③ 缩放比例设置为"1"。

④ 旋转角度输入"180"。

⑤ 单击"确定"按钮，AutoCAD 提示"指定插入点"，捕捉图 4-20（a）中的"1"位置，完成"1"位置"门块"的插入，结果如图 4-20（a）所示。

⑥ 重复①~④步的工作，单击"确定"按钮，AutoCAD 提示"指定插入点"，捕捉图 4-20（a）中的"4"位置，完成"4"位置"门块"的插入。

⑦ 重复①~④步的工作，单击"确定"按钮，AutoCAD 提示"指定插入点"，捕捉图 4-20（a）中的"6"位置，完成"6"位置"门块"的插入。

⑧ 重复①～③步的工作。

⑨ 旋转角度输入"0"。

⑩ 单击"确定"按钮，AutoCAD 提示"指定插入点"，捕捉图 4-20（a）中的"3"位置，完成"3"位置"门块"的插入。

⑪ 重复⑧～⑨步的工作，单击"确定"按钮，AutoCAD 提示"指定插入点"，捕捉图 4-20（a）中的"7"位置，完成"7"位置"门块"的插入。

⑫ 利用"镜像"命令，选择"3"位置的"门块"为对象，选择"2"位置和"3"位置中间的点画线为镜像线，可以完成"2"位置"门块"的插入。

⑬ 同样采用"镜像"命令，选择"7"位置的"门块"为对象，选择"5"位置和"7"位置中间的点画线为镜像线，可以完成"5"位置"门块"的插入。至此，所有"门块"的插入工作完成，结果如图 4-20（b）所示。

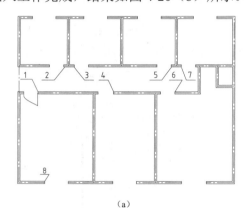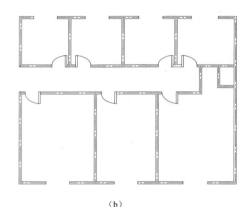

（a）　　　　　　　　　　　　　　　　　　　（b）

图 4-20　门块的插入结果

（4）"窗块"的插入。调用"插入块"命令，则弹出"插入"对话框，如图 4-18 所示。

① 在"名称"项，单击右边的"浏览"按钮，弹出"选择图形文件"对话框，如图 4-19 所示。找到刚才所存块的路径，选择"窗块"文件，单击"确定"按钮，回到"插入块"对话框。在"插入点"选项组中，勾选"在屏幕上指定"复选框。

② 缩放比例设置为"1"。

③ 旋转角度输入"0"。

④ 单击"确定"按钮，AutoCAD 提示"指定插入点"，捕捉图 4-20（a）中的"8"位置，完成"8"位置"窗块"的插入。

⑤ 采用同样的方法，完成其他 6 个位置"窗块"的插入，至此，所有的门、窗图块都已插入完毕，最终结果如图 4-16（b）所示。

4. 知识扩展

1）"插入"对话框

（1）如果插入使用"BLOCK"命令创建的图块，可在"名称"列表中选择；如果插入文件是用"WBLOCK"命令创建的图块，则要单击列表后面的 ┈ 按钮，选择要插入的图块文件。

（2）插入点：插入点可以在屏幕上捕捉，也可以用坐标给定。

（3）缩放比例：缩放比例可以在对话框中给定，也可以在屏幕上指定，且各方向的值可以不同。

（4）旋转：将插入的图块旋转指定的角度插入图形中（旋转是以定义块时选择的基点为中心的，有时仅仅使用旋转命令不能够满足图形的要求，这时可以采用"镜像"命令对图形进行翻转，也可以重新定义块的基点来满足图形要求）。

（5）分解：在默认情况下，图块是以一个整体插入到图形中的，如果插入图块时选择"分解"命令，则插入的图块将被打散。

注意：在插入图块时，对于相同的块，可以采用"复制""镜像""平移"等命令，没有必要每一个图块都采用"插入"命令进行插入，这样可以节省时间，提高绘图效率。

2）"写块"对话框

在"源"列表中，"块"选项是选择已有的图块建立图块文件；"整个图形"是将整个图形作为一个图块存储；"对象"是选择图形文件中的对象建立块文件。其他与"定义块"对话框的选项相同。

任务五 设计中心的应用实例 1
——桌子、门、计算机图块的插入

1. 任务引入

打开"/项目 4/4-4.dwg"文件，如图 4-21（a）所示。在 AutoCAD 设计中心找到"db_Samp.dwg"文件，将"DESK3"块添加到图形中，为块添加属性并重新定义块。然后将重新定义的"块"及"db_Samp.dwg"文件中相应的块插入到图中适当的位置，最终结果如图 4-21（b）所示。

2. 图形分析

在该图形中，有 6 个地方要插入桌子、计算机图块，有 2 个地方要插入门图块，且桌子、门图块的插入位置和方向不同，因此，在插入时应该选好相应的插入位置，并将块进行相应的旋转（或者在定义块前，通过编辑命令使图形的形状与要求一致），以满足要求。

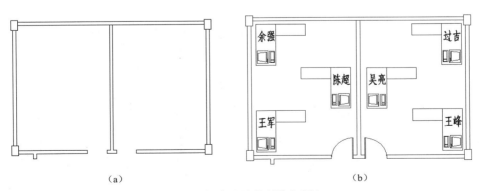

（a）　　　　　　　　　　　　　　　　（b）

图 4-21　门窗图块的制作与插入

3. 图形绘制

（1）打开"/项目 4/4-4.dwg"文件。

（2）打开"设计中心"窗口。调用"设计中心"命令：

◆ 选择下拉菜单：【工具】/【选项板】/【设计中心】

◆ 单击"标准"工具栏中的按钮：⊞

◆ 在命令行输入命令：ADCENTER

系统弹出"设计中心"窗口，如图 4-22 所示。

① 在左边的"文件夹列表"中找到"db_samp.dwg"文件，并单击其前面的 ⊞ 按钮，显示"Floor Plan samp.dwg"文件包含的子文件，单击子文件中的 🔳，则在"设计中心"窗口的右边显示其包含的块，如图 4-22 所示。

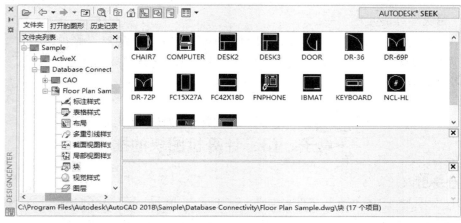

图 4-22 "设计中心"窗口

② 找到"DESK3"块，单击鼠标右键，弹出对应的选项卡；单击"插入块"按钮，则弹出"插入"对话框，采用前面项目讲过的"插入块"方法，将"DESK3"块插入到图 4-23 中空白处。

③ 采用同样的方法，插入"COMPUTER""DR-36"图块到图 4-23 中空白处。

④ 关闭"设计中心"窗口，结果如图 4-23 所示。

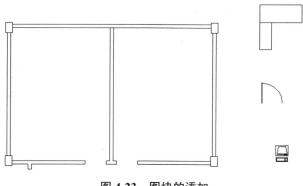

图 4-23 图块的添加

（3）图形的编辑。

① 调用"平移"命令，选择"COMPUTER"块为对象，选择其底部的中点为基点，

将其移到"DESK3"块中，结果如图 4-24（a）所示（此时可以认为"COMPUTER"块是"DESK3"块的一部分，即两者结合为一个新的"DESK3"块）。

② 调用"旋转"命令，选中新"DESK3"块（包含原始的"COMPUTER"块和"DESK3"块）为旋转对象，选择图 4-24（a）中的"1"位置为旋转基点，在旋转角度中输入"270"，按回车键完成旋转。

③ 调用"镜像"命令，选中"DESK3"块为镜像对象，选择图 4-24（a）中的 AB 直线为镜像轴线（注：经过"旋转"命令后，AB 直线由原来的水平线变成垂直线），按回车键完成镜像。

④ 调用"平移"命令，选择"上一步的镜像结果"为对象，将"镜像结果"与原始图形分开，最终结果如图 4-24（b）所示。

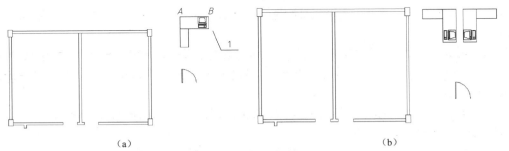

(a)   (b)

图 4-24　图形的编辑

（4）定义属性。调用"定义属性"命令：

◆ 选择下拉菜单：【绘图】/【块】/【定义属性】

◆ 单击"绘图"工具栏中的按钮：

◆ 在命令行输入命令：ATTDEF

系统弹出"属性定义"对话框。

① 在属性"标记"文本框中输入"姓名"。

② 在"提示"文本框中输入"请输入姓名"。

③ 在"默认"文本框中输入"xx"。

④ 在"文字样式"对话框中的"效果"选项中，"宽度因子"输入"0.7"，"文字样式"选择"Standard"（在此之前将"Standard"的字体改为"仿宋 GB2312"或者其他汉字的字体，否则不能显示汉字），"高度"输入"15"。

⑤ 其他为默认值，单击"确定"按钮，AutoCAD 提示"指定起点"，在图中对应的位置单击，完成"新 DESK3"属性的建立，完成结果如图 4-25 所示。

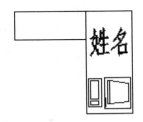

图 4-25　"新 DESK3"属性块

（5）创建块。

① 调用"创建块"命令，弹出"块定义"对话框。

② 在"名称"下拉列表中填写"工作台1"。

③ 单击"选择对象"按钮，选择"新 DESK3"属性块，并"保留"源对象。

④ 单击"拾取点"按钮，再单击图 4-24（a）中 AB 直线的中点（此时的 AB 直线为竖

直方向的垂线），返回到"块定义"对话框。

⑤ 其他各项按默认设置，单击"确定"按钮，完成"工作台 1"图块的建立。

⑥ 利用上述同样的方法，给"新 DESK3"属性块右边的图块定义属性（将"新 DESK3"的属性复制过去也可以），并将其创建为"工作台 2"图块。

（6）"工作台"块的插入。调用"插入块"命令，则弹出"插入"对话框。

① 在"名称"下拉列表中选择"工作台 1"。

② 在"插入点"选项中，勾选"在屏幕上指定"复选框。

③ 缩放比例设置为"1"。

④ 旋转角度输入"0"。

⑤ 单击"确定"按钮，AutoCAD 提示"指定插入点"，捕捉图 4-26 中的"1"位置，完成"1"位置图块的插入，AutoCAD 提示"请输入姓名"，输入"陈超"，结果如图 4-26 所示。

⑥ 重复①～④步工作，单击"确定"按钮，AutoCAD 提示"指定插入点"，捕捉图 4-26 中的"2"位置，完成"2"位置图块的插入，AutoCAD 提示"请输入姓名"，输入"过吉"，结果如图 4-26 所示。

⑦ 采用同样的方法，完成"3"位置图块的插入，AutoCAD 提示"请输入姓名"，输入"王峰"，结果如图 4-26 所示。

⑧ 采用同样的方法，完成"4""5""6"3 个位置图块的插入，结果如图 4-26 所示。

（7）"DR-36"块的插入。调用"插入块"命令，则弹出"插入"对话框。

① 在"名称"下拉列表中选择"DR-36"。

② 在"插入点"选项卡中，勾选"在屏幕上指定"复选框。

③ 缩放比例设置为"1"。

④ 旋转角度输入"0"。

⑤ 单击"确定"按钮，AutoCAD 提示"指定插入点"，捕捉图 4-27 中的"7"位置，完成"7"位置图块的插入，结果如图 4-27 所示。

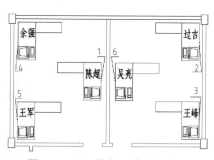 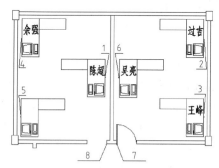

图 4-26 "工作台"块插入结果　　　　　图 4-27 "DR-36"块的插入

⑥ 利用"镜像"命令，将"7"位置的图块镜像到"8"位置，至此，完成了所有图块的插入，最终结果如图 4-21（b）所示。

4. 知识扩展

"设计中心"窗口如图 4-22 所示，在"设计中心"窗口中包含一组选项卡和工具按钮，利用它们可以选择和观察设计中心的图形，下面主要介绍各选项卡的含义。

1）"文件夹"选项卡

该选项卡显示设计中心的资源，用户可以将设计中心的内容设置为本机的资源或网上邻居的信息。

2）"打开的图形"选项卡

该选项卡显示当前环境中打开的所有图形，此时单击某个文件按钮，就可以看到该图形的有关设置，如标注样式、表格样式、布局、块、图层、线型等，如图4-28所示。

图 4-28　"打开的图形"选项卡界面

3）"历史记录"选项卡

该选项卡显示用户最近访问过的文件，包括这些文件的完整路径，如图4-29所示。

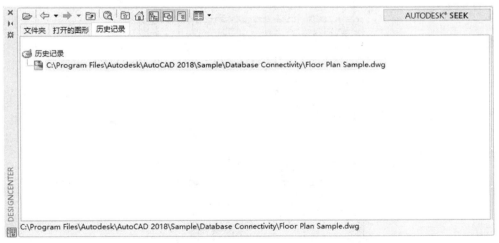

图 4-29　"历史记录"选项卡界面

任务六 设计中心的应用实例2
——餐桌、床、灶台等家具块的插入

1. 任务引入

打开"/项目 4/4-5-1.dwg"文件，如图 4-30（a）所示。将图中所有的图形都制作成块并保存，在 AutoCAD "设计中心"窗口找到保存的"4-5-1.dwg"文件，将其中的块添加到"/项目 4/4-5-2.dwg"图形中，最终结果如图 4-30（b）所示。

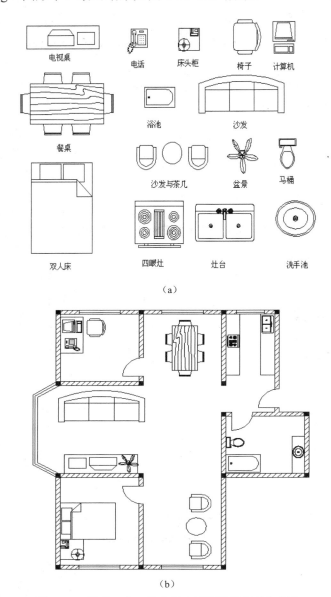

（a）

（b）

图 4-30 餐桌、床、灶台等家具图块的制作与插入

2. 图形分析

在该图形中，有 15 种块，块的数目比较多，很容易出错，因此在创建块时，最好以图中各个图形所对应的名称给块命名。各个图块的插入位置和方向不同，因此，在插入时应该选好相应的插入位置，并将块进行相应的旋转，以满足要求。

3. 图形绘制

（1）打开"/项目 4/4-5-1.dwg"文件。

（2）调用"创建块"命令。

◆ 选择下拉菜单：【绘图】/【块】/【创建】

◆ 单击"绘图"工具栏中的按钮：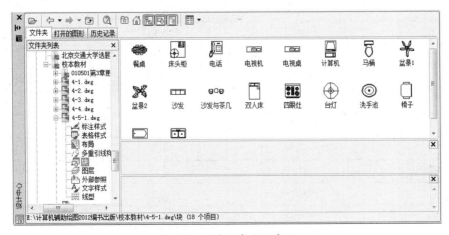

◆ 在命令行输入命令：BLOCK

系统弹出"块定义"对话框。

① 在"名称"下拉列表中填写"电视桌"。

② 单击"选择对象"按钮，选择"电视桌"图形，并"保留"源对象。

③ 单击"拾取点"按钮，再单击"电视桌"图形的底边中点，返回到块定义窗口。

④ 其他各项按默认设置，单击"确定"按钮，完成"电视桌"图块的建立。

⑤ 采用相同的方法，创建其余的块，并保存结果。"基点"一般选择图形的中心、边的中点、各个端点（如果基点选择不准确也没有关系，可以通过"平移"命令，将块插入到指定位置）。

（3）插入块。打开"/项目 4/4-5-2.dwg"文件，调用"设计中心"命令：

◆ 选择下拉菜单：【工具】/【选项板】/【设计中心】

◆ 单击"标准"工具栏中的按钮：▦

◆ 在命令行输入命令：ADCENTER

系统弹出"设计中心"窗口。

① 在左边的"文件夹列表"中找到"4-5-1.dwg"文件，并单击其前面的 ⊞ 按钮，显示"4-5-1.dwg"文件包含的子文件，单击子文件中的按钮 🔲 块，则在"设计中心"窗口的右边显示其包含的块，如图 4-31 所示。

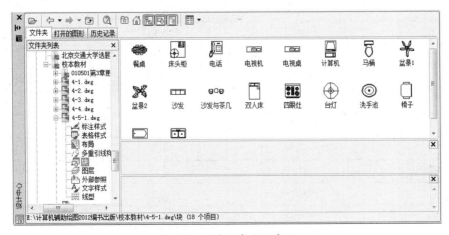

图 4-31 "设计中心"窗口

② 找到"餐桌"块，单击鼠标右键，弹出对应的快捷菜单。在快捷菜单中单击"插入块"命令，系统弹出"插入"对话框，将"插入点""比例""旋转"3 个选项卡都勾选"在屏幕上指定"复选框。单击"确定"按钮，选中图 4-32 中"1"位置，指定"比例因子"为"0.3"，指定"旋转角度"为"90"（如果创建块之前，对原始图形进行了旋转，此处的"旋转角度"就有可能是其他值）。

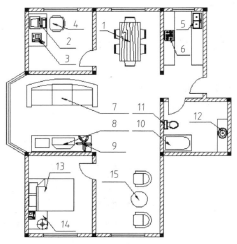

图 4-32 位置分布图

③ 采用同样的方法，完成位置"2"～"15"图块的插入，具体参数如表 4-1 所示。

表 4-1 参数设置表

位置	块名称	比例因子	旋转角度/（°）
2	计算机	0.3	90
3	电话	0.3	90
4	椅子	0.3	0
5	灶台	0.15	270
6	四眼灶	0.12	270
7	沙发	0.45	0
8	电视桌	0.45	180
9	盆景	0.28	0
10	浴池	0.5	0
11	马桶	0.3	90
12	洗手池	0.15	90
13	双人床	0.3	90
14	床头柜	0.5	90
15	沙发与茶几	0.45	90

至此，完成所有图块的插入，最终结果如图 4-30（b）所示。

任务七 设计中心的应用实例3
——监控、报警及防盗块的插入

1. 任务引入

打开"/项目 4/4-6-1.dwg"文件，如图 4-33（a）所示。将图中的图形制作成块并保存，在 AutoCAD "设计中心"窗口找到保存的"4-6-1.dwg"文件，将其中的块添加到"/项目 4/4-6-2.dwg"文件的图形中，最终结果如图 4-33（b）所示。

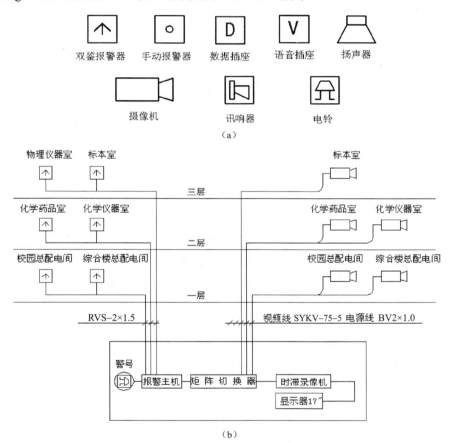

图 4-33 监控报警防盗图

2. 图形分析

在"/项目 4/4-6-1.dwg"文件中有 8 个图形符号，但是在"/项目 4/4-6-2.dwg"图形中需要插入的块只有 3 个，因此在创建块时，只需将"双鉴报警器""摄像机""电铃"3 个图形符号创建成块即可。

3. 图形绘制

（1）打开"/项目 4/4-6-1.dwg"文件。

（2）调用"创建块"命令：

◆ 选择下拉菜单：【绘图】/【块】/【创建】

◆ 单击"绘图"工具栏中的按钮：

◆ 在命令行输入命令：BLOCK

系统弹出"块定义"对话框。

① 在"名称"下拉列表中填写"双鉴报警器"。

② 单击"选择对象"按钮，选择"双鉴报警器"图形，并"保留"源对象。

③ 单击"拾取点"按钮，单击"双鉴报警器"图形的底边中点，返回到"块定义"对话框。

④ 其他各项按默认设置，单击"确定"按钮，完成"双鉴报警器"块的建立。

⑤ 采用相同的方法，创建"摄像机""电铃"块，其中，"摄像机"块的基点为其图形左竖直边的中点，"电铃"块的基点为整个图形的中心点。

（3）插入块。打开"/项目 4/4-6-2.dwg"文件，调用"设计中心"命令：

◆ 选择下拉菜单：【工具】/【选项板】/【设计中心】

◆ 单击"标准"工具栏中的按钮：

◆ 在命令行输入命令：ADCENTER

系统弹出"设计中心"窗口。

① 在左边的"文件夹列表中"找到"4-6-1.dwg"文件，并单击其前面的 ⊞ 按钮，显示"4-6-1.dwg"文件包含的子文件，单击子文件中的 块，则在"设计中心"窗口的右边显示其包含的块，如图 4-34 所示。

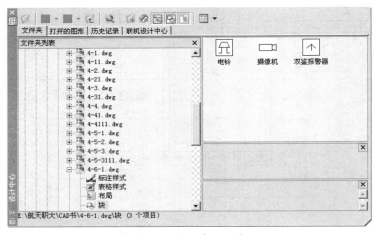

图 4-34 "设计中心"窗口

② 找到"双鉴报警器"块，单击鼠标右键，弹出对应的快捷菜单。在快捷菜单中单击"插入块"，则弹出"插入"对话框。将"插入点"选项卡勾选"在屏幕上指定"复选框，"比例"选项组输入"1"，"旋转"选项组输入"0"。单击"确定"按钮，选中图 4-35 中"物理仪器室"位置，完成"物理仪器室"位置"双鉴报警器"块的插入。

③ 采用同样的方法，完成图 4-35 右侧"标本室"位置"摄像机"块及"警号"位置"电铃"块的插入。

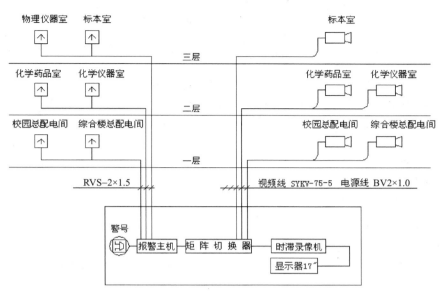

图 4-35　监控、报警及防盗块的插入

　　④ 调用"复制"命令，选择"双鉴报警器"块为对象，选择其底边中点为基点，将"双鉴报警器"块复制到"标本室""化学药品室""化学仪器室""校园总配电间""综合楼总配电间"位置。

　　⑤ 同样采用"复制"命令，选择"摄像机"块为对象，选择其左竖直边中点为基点，将"摄像机"块复制到"化学药品室""化学仪器室""校园总配电间""综合楼总配电间"位置。至此，完成所有图块的插入，最终结果如图 4-33（b）所示。

小　结

　　本项目介绍了图块和设计中心的应用。在图块中，通过粗糙度、门及窗的实例，介绍了创建图块、写块、创建图块属性和编辑图块属性的方法，以及插入图块及图块文件的方法。在设计中心中，通过办公室、家及校园监控的布置实例，详细介绍了如何查找、查看对象，以及如何使用设计中心打开图形文件或向图形文件中添加相关内容。

练　习

一、选择题

1. 创建图块，并且可以在其他文件中调用，其命令是（　　　）。

A. BLOCK　　　　　B. EXPLOED　　　　　C. MBLOCK　　　　D. WBLOCK

2. 创建块时，在"块定义"对话框中必须确定的要素是（　　　）。

A. 块名、对象、基点　　　　　　　　　B. 基点、对象、属性

C. 块名、基点、属性　　　　　　　　　D. 块名、对象、基点、属性

3. 用"BLOCK"命令定义的块，下面说法正确的是（　　　）。

A. 只能在定义它的文件内自由调用　　　B. 只能在另一个文件内自由调用

C. 两者都能调用　　　　　　　　　D. 两者都不能调用

4. 在"设计中心"对话框中的（　　　）选项卡中，可以查看当前图形中的图形信息。

A. 文件夹　　　　　　　　　　　　B. 打开的图形

C. 历史记录　　　　　　　　　　　D. 联机设计中心

5. 在 AutoCAD 2018 中，给一个对象指定颜色的方式很多，但不包括（　　　）。

A. 直接指定颜色　　　　　　　　　B. 随层

C. 随块　　　　　　　　　　　　　D. 随机颜色

二、判断题

1. 已存在的图块不能被重命名。　　　　　　　　　　　　　　　　（　　　）

2. 一个块中可以定义多个属性。　　　　　　　　　　　　　　　　（　　　）

3. 块不能被分解。　　　　　　　　　　　　　　　　　　　　　　（　　　）

4. 删除一个无用的块可使用 DELETE 命令。　　　　　　　　　　　（　　　）

5. 用"插入"命令把块图形文件插入到图形中后，如果把块文件删除，主图中所插入的块图形将会被删除。　　　　　　　　　　　　　　　　　　　　　（　　　）

三、操作题

1. 合理设置图层，绘制如题图 4-1 所示图形（比例适当即可，尺寸不做严格要求），并制作、插入粗糙度块。

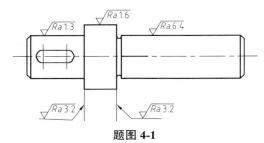

题图 4-1

2. 合理设置图层，绘制如题图 4-2 所示图形，并制作、插入粗糙度块。

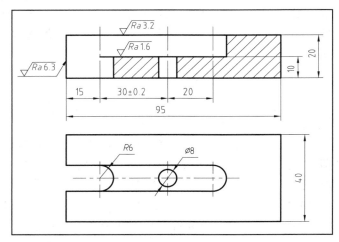

题图 4-2

3. 合理设置图层，绘制如题图 4-3 所示图形，并制作、插入粗糙度块（可不标注尺寸、公差）。

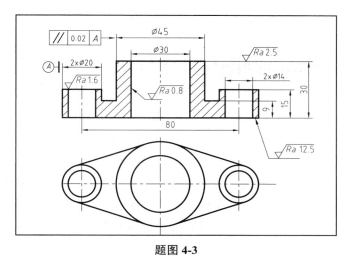

题图 4-3

项目五　平面精确绘图与尺寸标注

教学目标

　　本项目介绍如何设置文字样式、创建单行与多行文字以及编辑文字的方法，如何设置标注样式。通过本项目的学习，应能掌握图纸中的技术要求、标题栏、文字说明等内容的书写、编辑；应能掌握常用尺寸标注样式的设置和利用尺寸标注对零件进行正确的标注，并掌握尺寸编辑的方法。

学习重点

◇ 设置文字样式
◇ 创建单行与多行文字
◇ 编辑单行与多行文字
◇ 尺寸标注样式的设置
◇ 尺寸标注的方法
◇ 尺寸编辑的方法

任务一　设置文字样式

　　国家标准对机械制图文字作出规定：汉字采用长仿宋体字，字母和数字一般采用斜体，字体的高度为 1.8 mm、2.5 mm、3.5 mm、5 mm、7 mm、10 mm、14 mm、20 mm，写汉字时字号不能小于 3.5 mm。文字样式是一组控制文字字体、字号等文字特征的设置，在 AutoCAD 中需要定制符合国家标准的文字样式。下面介绍技术要求与标题栏和尺寸标注中常用文字的样式创建与设置方式。

1. 创建"文字标注-3.5"文字样式

1）任务

创建"文字标注-3.5"（字体：T 仿宋_GB2312　；字高：3.5）的文字样式，如图 5-1 所示。

文字标注

2）知识点

图 5-1　文字

文字样式设置。

3）样式设置过程

（1）打开"文字样式"对话框：

◆ 选择下拉菜单：【格式】/【文字样式】

◆ 单击"样式"工具栏中的按钮： ![A按钮]

◆ 在命令行输入命令：Style

系统弹出"文字样式"对话框，如图 5-2 所示。

图 5-2 "文字样式"对话框

（2）单击对话框中的"新建"按钮，弹出"新建文字样式"对话框，如图 5-3 所示。在"样式名"文本框中输入"文字标注-3.5"。

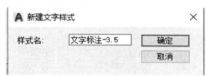

图 5-3 "新建文字样式"对话框

（3）单击"确定"按钮，返回"文字样式"对话框。从"字体"选项组中的"字体名"下拉列表中选择" ![仿宋] "，在"高度"文本框中输入字体高度"3.5"。在"效果"选项组的"宽度因子"文本框中输入"0.7"，如图 5-4 所示。

图 5-4 "文字样式"对话框（设置"文字标注-3.5"）

（4）单击"应用"按钮，再单击"置为当前"按钮，然后单击"关闭"按钮，则创建了"文字标注-3.5"文字样式，并把该样式设置为当前文字样式。

2．创建"尺寸标注-3.5"文字样式

1）任务

创建"尺寸标注-3.5"（字体：  gbcbig.shx ；字高：3.5）的文字样式，如图 5-5 所示。

图 5-5　尺寸标注文字

2）知识点

文字样式设置。

3）设置过程

（1）打开"文字样式"对话框。

（2）单击对话框中的"新建"按钮，弹出"新建文字样式"对话框，在"样式名"文本框中输入"尺寸标注-3.5"。

（3）单击"确定"按钮，返回"文字样式"对话框，从"字体"选项组的"字体名"下拉列表中选择" gbeitc.shx "，在"大字体"下拉列表中选择" gbcbig.shx "，在"高度"文本框中输入字体高度"3.5"，在"效果"选择组中确认"宽度因子"为"1"，如图 5-6 所示。

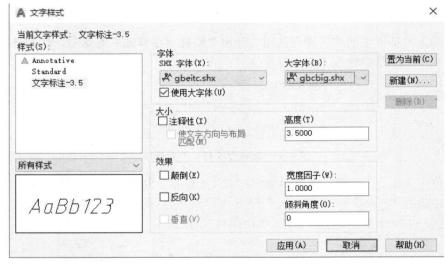

图 5-6　"文字样式"对话框（设置尺寸标注）

（4）单击"应用"按钮，再单击"置为当前"按钮，然后单击"关闭"按钮，则创建了"尺寸标注-3.5"文字样式。

3．知识扩展

1）对于字体一致、字高不同的文字样式进行设置

在图纸中常会出现字体一致而字高不同的文字标注，如标题栏中的图名用 7 号字，其他标注用 3.5 号字。可在"文字样式"对话框中设置样式时将字高设置为"0"，在用文字输入时，系统会提示用户给出字高。根据不同字高，输入不同高度的文字，如图 5-7 所示。

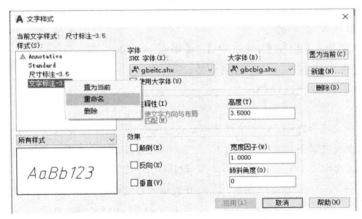

5

图 5-7 "文字样式"对话框（设置文字标注）

2）修改文字样式的名称

修改当前文字样式的名称，可在"文字样式"对话框中右键单击需要修改的文字样式名，选择"重命名"命令，或者双击需要修改的文字样式名，输入新的文字样式名，然后单击"应用"按钮，如图 5-8 所示。

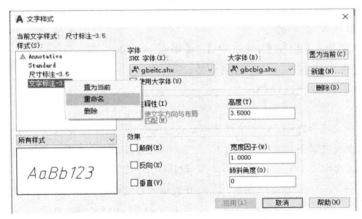

图 5-8 "文字样式"对话框（重命名文字样式名）

3）删除文字样式

删除文字样式可在图 5-8 所示"文字样式"对话框中单击"删除"按钮，弹出"acad 警告"对话框，如图 5-9 所示。单击"确定"按钮，即可删除文字样式。

图 5-9 "acad 警告"对话框

任务二 文字输入与编辑

设置完文字样式后，需要将文字写入图中，并加以编辑。文字输入包括单行文字输入和多行文字输入。一般不采用单行文字，多采用多行文字。

1. 创建与编辑单行文字

1）任务

按照文字样式"文字标注-3.5"（字体：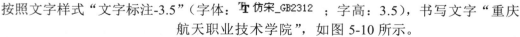 仿宋_GB2312 ；字高：3.5），书写文字"重庆航天职业技术学院"，如图 5-10 所示。

重庆航天职业技术学院

图 5-10　单行文字

2）知识点

单行文字。

3）单行文字创建过程

（1）在"其他"工具栏空白处右键单击，调出"样式"工具栏，如图 5-11 所示。在"样式"工具栏上单击"文字样式控制"下拉列表，选择"文字标注-3.5"。

图 5-11　样式工具栏

（2）调用"单行文字"命令。

◆ 选择下拉菜单：【绘图】/【文字】/【单行文字】

◆ 单击"文字"工具栏中的按钮：**AI**

◆ 在命令行输入命令：Dtext

```
命令:_ dtext
当前文字样式:"文字标注-3.5"  文字高度: 3.5000  注释性: 否
指定文字的起点或 [对正(J)/样式(S)]: //在屏幕空白处单击,指定文字起点
指定文字的旋转角度 <0>:          //默认文字的旋转角度为"0",回车
                        //在光标闪烁处输入文字"重庆航天职业技术学院",
                        按下"Ctrl"+"回车"键,结束命令
```

2. 创建多行文字

1）任务

按照文字样式"文字标注-3.5"输入"技术要求"，如图 5-12 所示。

2）知识点

通过书写技术要求文字，学习使用多行文字命令书写文字，还有特殊符号、文字堆叠的书写方法。

技术要求

1. 人工时效处理
2. 未注倒角1×45°
3. 轴与孔配合$\varnothing 13\frac{H7}{k6}$

图 5-12　多行文字

3）多行文字创建过程

（1）调用"多行文字"命令。

◆ 选择下拉菜单：【绘图】/【文字】/【多行文字】

◆ 单击"绘图"工具栏中的按钮：**A**

◆ 在命令行输入命令：Mtext

（2）根据提示，使用鼠标在屏幕上单击，指定第一角点和对角点，指定文字宽度窗口。

（3）打开"多行文字编辑器"，如图 5-13 所示。

图 5-13　多行文字编辑器

（4）将"文字标注–3.5"样式设为当前样式。

（5）单击"段落"面板"对正"按钮，选择"正中"，调整光标至中间位置，如图 5-14（a）所示。输入"技术要求"，回车，继续完成各行文字的输入，如图 5-14（b）所示。

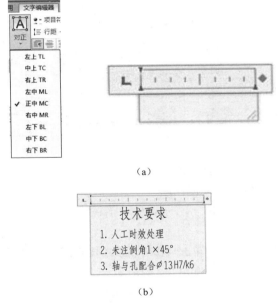

（a）

（b）

图 5-14　多行文字的输入

（6）当输入"2. 未注倒角 1×45"后，单击多行文字编辑器插入面板 @符号 按钮，输入度数符号。

（7）当输入"3. 轴与孔配合"时，单击多行文字编辑器下拉列表 @符号 按钮，输入直径符号。当输入"3. 轴与孔配合ϕ13H7/k6"时，选中"H7/k6"，此时格式面板上的"堆叠"按钮 为可用状态，单击该按钮，则完成堆叠。

（8）编辑文字大小与格式。选择"技术要求"，改变字号为"5"，如图 5-15（a）所示。选择"ϕ"，将字体设置为"txt"，如图 5-15（b）所示。

（9）单击"确定"按钮，完成文字输入。

（a）

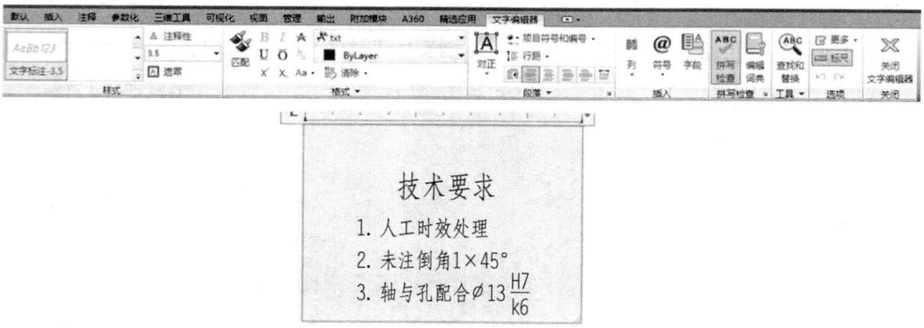

（b）

图 5-15　编辑文字的大小与格式

3. 知识扩展

1）对已经标注的单行文字进行修改

◆ 单击"文字"工具栏中的按钮：

◆ 在命令行输入命令：Ddedit

```
命令:_ddedit
选择注释对象或 [放弃(U)]:    //单击"重庆航天职业技术学院",单行文字被选中后,
                如图5-16(a)所示,输入"航天职大",如图5-16(b)所示
选择注释对象或 [放弃(U)]:    //回车,完成文字修改
```

重庆航天职业技术学院　　　　　航天职大

　　　　　（a） 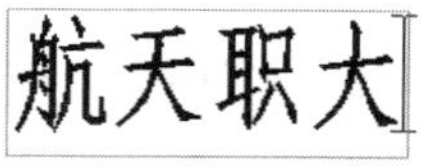　　　　　　　　　　　　　　　（b）

图 5-16　单行文字修改

2）标注控制符

　　在实际设计过程中，往往需要标注一些特殊字符，如标注度数（°）、直径 ϕ、±等符号，由于这些符号不能在键盘上直接输入，故在单行文字编辑中 AutoCAD 提供了相应的控制符，如表 5-1 所示。

表 5-1　常用的标注控制符

字符	控制符代码	举例
°	%%D	45°："45%%D"
ϕ	%%C	ϕ60："%%C60"
±	%%P	13±0.002："13%%P0.002"

在多行文字编辑中，多在快捷按钮 [@]_{符号} 提供的符号中选择，如果不是常用的符号，则可选择"其他"，使用字符映射输入，如图 5-17 所示。

图 5-17　控制符快捷菜单

注意：输入代码时，应将输入法切换到英文输入法，否则不能显示为符号。

3）设置多行文字的对齐方式

如需将文字"重庆航天职业技术学院"放置在图 5-18 所示图框的中心部位，则可设置如下对齐方式：

（a）　　　　　　　　　　　　　　（b）

图 5-18　多行文字对齐

（1）在输入文字过程中，根据命令行提示选择文字对正方式：

命令：_mtext 当前文字样式："文字标注-3.5" 文字高度：3.5 注释性：否

指定第一角点：　　　　　　　　　　　　//捕捉角点 A

指定对角点或 [高度(H)/对正(J)/行距(L)/旋转(R)/样式(S)/宽度(W)/栏(C)]:j

　　　　　　　　　　　　　　　　　　//输入命令 j,回车

输入对正方式 [左上(TL)/中上(TC)/右上(TR)/左中(ML)/正中(MC)/右中(MR)/左下(BL)/中下(BC)/右下(BR)]

<左上(TL)>:mc　　　　　　　　　　　　　//输入命令"mc",选择正中对正方式,回车
指定对角点或 [高度(H)/对正(J)/行距(L)/旋转(R)/样式(S)/宽度(W)/栏(C)]:
　　　　　　　　　　　　　　　　//捕捉角点B,输入"重庆航天职业技术学院",见图5-18(b)

（2）在多行文字编辑器中，单击"多行文字对正"下拉列表按钮，如图5-19所示。

图5-19 "多行文字对正"下拉列表

① 左上 TL：　　　　② 中上 TC：

③ 右上 TR：　　　　④ 左中 ML：

⑤ 右中 MR：　　　　⑥ 左下 BL：

⑦ 中下 BC：　　　　⑧ 右下 BR：

4）修改编辑多行文字

（1）利用多行文字编辑器编辑多行文字。

◆ 单击"文字"工具栏中的按钮：

◆ 双击要编辑的文字（在要修改的文字上右键单击，选择编辑多行文字命令）

◆ 在命令行输入命令：Ddedit

◆ 选择下拉菜单：【修改】/【对象】/【文字】/【编辑】

（2）打开"文字编辑器"窗口，如同文本文档编辑一样，选择需要修改的文字。可改变字体、调整字体高度、加粗、倾斜、加下（上）划线、改变字体颜色等一系列操作（类似于Word文档对字体的编辑），完成后，单击"确定"按钮。

5）修改文字高度

（1）当文字样式中文字高度已经设置为"3.5"，个别文字高度不同时，可在文字输入时，利用命令行提示，重新定义当前输入文字的文字高度。

命令:_mtext 当前文字样式："文字标注-3.5" 文字高度：3.5 注释性：否
指定第一角点:　　　　　　　　　　//在屏幕空白处单击,指定第一角点
指定对角点或 [高度(H)/对正(J)/行距(L)/旋转(R)/样式(S)/宽度(W)/栏(C)]:h
　　　　　　　　　　　　//重新定义文字高度,输入命令"H",回车
指定高度 <3.5>:5　　　　　　　　//给出重新定义的文字高度"5",回车
指定对角点或 [高度(H)/对正(J)/行距(L)/旋转(R)/样式(S)/宽度(W)/栏(C)]:
　　　　　　　　　　　　//指定对角点,输入文字标注

（2）进入多行文字编辑器，修改字体高度。

任务三　尺寸标注样式的设置

一个完整的尺寸标注由尺寸线、尺寸界线、尺寸数字和箭头组成。在 AutoCAD 中尺寸标注以块的形式存在，而这些组成部分的格式由尺寸标注样式控制。改变这些组成部分的格式可以产生不同的外观标注效果。在对图样进行尺寸标注之前，必须对标注样式进行设置，使之符合国家机械制图标准。

1. 任务引入

设置常用尺寸标注的样式。

2. 知识点

"标注样式管理器"对话框。

3. 样式设置过程

（1）打开"标注样式管理器"对话框。

◆ 选择下拉菜单：【格式】/【标注样式】

◆ 单击"样式"工具栏中的按钮：

◆ 在命令行输入命令：Dimstyle

系统弹出"标注样式管理器"对话框，如图 5-20 所示。

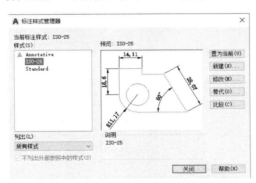

图 5-20 "标注样式管理器"对话框

（2）单击"新建"按钮，打开"创建新标注样式"对话框，如图 5-21 所示。在"新样式名"文本框中输入"尺寸标注"。

图 5-21 "创建新标注样式"对话框

（3）单击"继续"按钮，打开"新建标注样式：尺寸标注"对话框，如图 5-22 所示。

（4）单击"线"选项卡，打开"线"页标签。在"尺寸线"选项组的"基线间距"文本框中输入"7"，在"延伸线"选项组的"起点偏移量"文本框中输入"0"，如图 5-22（a）所示。

（5）单击"符号和箭头"选项卡，打开"符号和箭头"页标签。在"圆心标记"选项组中选择"直线"，在"箭头大小"文本框中输入"2"，如图 5-22（b）所示。

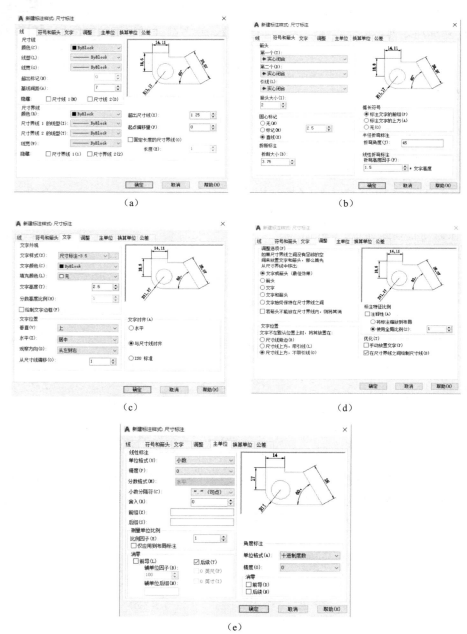

图 5-22 "新建标注样式：尺寸标注"对话框

（6）单击"文字"选项卡，打开"文字"页标签。在"文字外观"选项组的"文字样式"下拉列表中选择"尺寸标注-3.5"，在"文字位置"选项组的"从尺寸线偏移"文本框中输入"1"，如图5-22（c）所示。

（7）单击"调整"选项卡，打开"调整"页标签，在"文字位置"选项组中单击"尺寸线上方，不带引线"单选按钮，如图5-22（d）所示。

（8）单击"主单位"选项卡，打开"主单位"页标签。在"线性标注"选项组的"精度"下拉列表框中选择"0"，在"小数分隔符"下拉列表框中选择""."（句点）"，如图5-22（e）所示。

（9）单击"确定"按钮，返回"标注样式管理器"对话框。

（10）在"样式"列表中选择"尺寸标注"标注样式，单击"置为当前"按钮，将其设置为当前的标注样式，如图5-23所示。单击"关闭"按钮，完成设置。

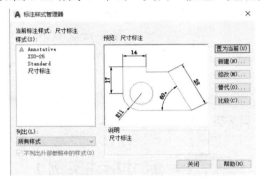

图5-23　标注样式管理器（尺寸标注）

4．知识扩展

1）修改现有标注样式

在"标注样式管理器"对话框中，单击"修改"按钮，打开"修改标注样式"对话框，如图5-24所示。其选项与"新建标注样式：尺寸标注"对话框相同，采用同样的方法可以修改现有标注样式。

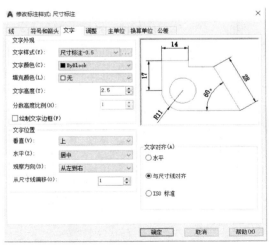

图5-24　"修改标注样式"对话框

2）替代现有标注样式

在"标注样式管理器"对话框中，单击"替代"按钮，打开"替代当前样式：尺寸标注"对话框，如图 5-25 所示。其选项与"新建标注样式：尺寸标注"对话框相同，采用同样的方法可以设置现有标注样式的临时替代值。

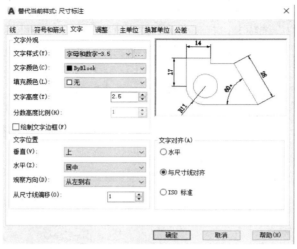

图 5-25　"替代当前样式：尺寸标注"对话框

任务四　尺寸标注实例 1

1. 任务引入

按图 5-26 所示图形尺寸精确绘图，绘图方法和图形编辑方法不限，未明确线宽，线宽为"0"，按本图示标注图形。

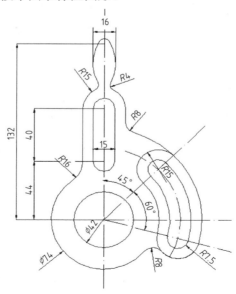

图 5-26　尺寸标注实例 1

新建文件，完成以下操作：

（1）设置绘图环境，创建以下图层：

① 图层 L1，线型为 Center，颜色为红色，轴线绘制在该层上。

② 标注层 DIM，颜色为紫色，线型为细实线，标注绘制在该层上。

③ 其他图形均创建在默认的图层 0 上。

（2）精确绘图：根据图 5-26 中的尺寸，利用绘图和修改命令精确绘制图形。

（3）尺寸标注：创建合适的标注样式，标注图形。

完成后将图形存入文件夹下，命名为"尺寸标注实例 1"。

2. 知识点

线性标注、连续标注、基线标注、角度标注、直径标注、半径标注（圆弧标注）。

3. 图形分析

绘制该图形，首先调用"直线"命令先绘制其轴线，然后调用"圆""直线"命令绘制外部轮廓，最后采用（相切、相切、半径）画圆的绘制法，完成手柄部分的绘制。

4. 图形绘制

（1）新建文件。打开 AutoCAD，新建文件"尺寸标注实例 1.dwg"。

（2）图层的建立，如图 5-27 所示。

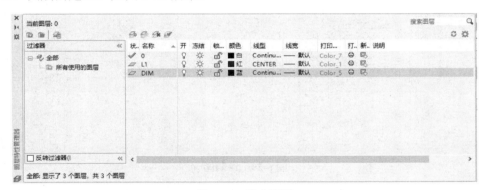

图 5-27　建立图层

（3）完成基准线的绘制，如图 5-28 所示。

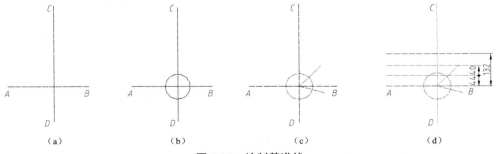

（a）　　　　　　　　（b）　　　　　　　　（c）　　　　　　　　（d）

图 5-28　绘制基准线

① 调用"直线"命令，绘制轴线 AB、CD，如图 5-28（a）所示。

② 调用"圆"命令，绘制半径为 54 mm 的圆，如图 5-28（b）所示。

③ 调用"直线"命令：

命令:_line 指定第一点:　　//捕捉轴线交点

指定下一点或 [放弃(U)]:＜正交 关＞ 45

　　　　　　　　　　　//关闭正交功能,输入直线长度100,按下"Tab"键,输入

　　　　　　　　　　　角度45°[注意将鼠标移动至X轴上方,见图5-28(c)]

指定下一点或 [放弃(U)]:　　//回车

再次调用"直线"命令,用同样的方法绘制另一条直线:输入直线长度100,按下"Tab"键,输入角度15°[注意将鼠标移动至 X 轴下方,见图 5-28（c）]。

④ 调用"偏移"命令绘制基准线,偏移距离分别为 40 mm、84 mm、132 mm,如图 5-28（d）所示。

（4）画出主要已知图形。

① 调用"圆"命令,绘制半径为 7.5 mm 的圆,如图 5-29（a）所示；绘制半径为 15 mm 的圆,如图 5-29（b）所示；绘制半径为 21 mm 的圆,如图 5-29（c）所示；绘制半径为 37 mm 的圆,如图 5-29（d）所示。

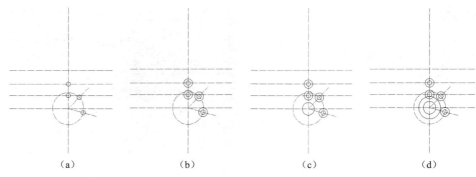

　　（a）　　　　　　　（b）　　　　　　　（c）　　　　　　　（d）

图 5-29　绘制圆

② 调用"直线""圆"命令,绘制如图 5-30（a）所示的图形；调用"修剪"命令,绘制如图 5-30（b）所示的图形；调用"圆角"命令,多次圆角,如图 5-30（c）所示；绘制结果如图 5-30（d）所示。

命令:_fillet

当前设置:模式 = 修剪,半径 = 0.0000

选择第一个对象或 [放弃(U)/多段线(P)/半径(R)/修剪(T)/多个(M)]:m

选择第一个对象或 [放弃(U)/多段线(P)/半径(R)/修剪(T)/多个(M)]:r

指定圆角半径 ＜0.0000＞:16　　　　　　　//给定第一个圆角半径16 mm

选择第一个对象或 [放弃(U)/多段线(P)/半径(R)/修剪(T)/多个(M)]://单击圆弧 ac

选择第二个对象,或按住"Shift"键选择要应用角点的对象:　　//单击直线 L

选择第一个对象或 [放弃(U)/多段线(P)/半径(R)/修剪(T)/多个(M)]:r

指定圆角半径 ＜16.0000＞:8　　　　　　　//给定第二个圆角半径 8 mm

选择第一个对象或 [放弃(U)/多段线(P)/半径(R)/修剪(T)/多个(M)]://单击圆弧 ab

选择第二个对象,或按住"Shift"键选择要应用角点的对象:　　//单击直线 H

选择第一个对象或 [放弃(U)/多段线(P)/半径(R)/修剪(T)/多个(M)]://单击圆弧 *ac*

选择第二个对象，或按住"Shift"键选择要应用角点的对象： //单击圆弧 *ad*

选择第一个对象或 [放弃(U)/多段线(P)/半径(R)/修剪(T)/多个(M)]： //回车

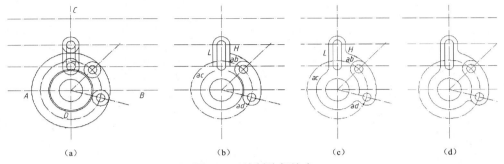

（a） （b） （c） （d）

图 5-30 绘制外部轮廓

③ 调用"圆"命令，绘制如图 5-31（a）所示的图形；调用"修剪"命令，绘制如图 5-31（b）所示的图形。

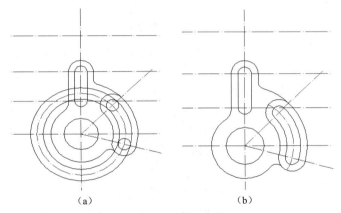

（a） （b）

图 5-31 绘制圆

（5）绘制手柄。

① 调用"圆"命令，绘制半径为 4 mm 的圆；调用"偏移"命令，偏移距离为 8 mm，如图 5-32（a）所示。

② 调用"圆"命令：

命令:c

CIRCLE 指定圆的圆心或 [三点(3P)/两点(2P)/切点、切点、半径(T)]:t

      //输入命令"T",选择使用捕捉两个切点、指定圆半径的方式绘制特殊圆弧

指定对象与圆的第一个切点:

      //在半径为 4 mm 的小圆上捕捉第一个切点,如图 5-32(b)所示

指定对象与圆的第二个切点:

      //在左侧偏移直线上捕捉第二个切点,如图 5-32(c)所示

指定圆的半径 <32.0000>: //指定圆半径:32 mm,结果如图 5-32(d)所示

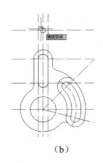

(a)   (b)   (c)   (d)

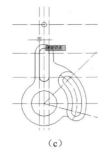

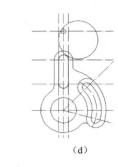

(e)   (f)   (g)

图 5-32　绘制手柄

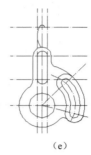

图 5-33　完善图形

③ 调用"修剪"命令，如图 5-32（e）所示。

④ 再次调用"圆角"命令，圆角半径为 4 mm，处理手柄底部，如图 5-31（f）所示。

⑤ 调用"镜像"命令，如图 5-32（g）所示。

（6）完善图形，删除多余直线，完成"尺寸标注实例 1"图形的绘制，如图 5-33 所示。

5. 尺寸标注

（1）创建文字样式，同"尺寸标注-3.5"（本项目任务一）。

（2）创建新的标注样式，命名为：尺寸标注实例 1，所有参数同"尺寸标注"（本项目任务三）。

（3）标注过程。将 DIM（标注）层置为"当前"。

需要修改的参数如下：

① 线性标注。

首先，调用"线性标注"命令：

◆ 选择下拉菜单：【标注】/【线性标注】

◆ 单击"标注"工具栏中的按钮：

◆ 在命令行输入命令：Dmlinear

命令:_dimlinear

指定第一条延伸线原点或 <选择对象>:　　　　　//捕捉左边直线 *AB* 的中点

指定第二条延伸线原点:　　　　　　　　　　//捕捉右边直线 *CD* 的中点

指定尺寸线位置或

[多行文字(M)/文字(T)/角度(A)/水平(H)/垂直(V)/旋转(R)]:

标注文字 = 15　　　　　　　//将鼠标拖至适当位置,单击右键,如图 5-34(a)所示

再次调用"线性标注"命令，完成如图 5-34（b）所示图形的标注。

② 调用"连续标注"命令:

◆ 选择下拉菜单:【标注】/【连续】

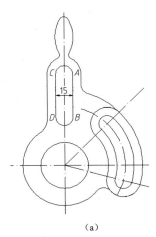

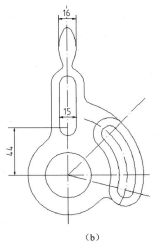

（a）　　　　　　　　　　　　　　　（b）

图 5-34　线性标注

◆ 单击"标注"工具栏中的按钮: ⟦图标⟧

◆ 在命令行输入命令: Dimcontinue

命令:_ dimcontinue

指定第二条延伸线原点或 [放弃(U)/选择(S)] <选择>: //回车

选择连续标注:　　　　　//单击边 44 mm 的标注边 AB,如图 5-35(a)所示

指定第二条延伸线原点或 [放弃(U)/选择(S)] <选择>:

　　　　　　　　　　//捕捉圆心 O,如图 5-35(a)所示

标注文字 = 40

指定第二条延伸线原点或 [放弃(U)/选择(S)] <选择>: //回车

选择连续标注:　　　　　　　　　　　　　　　//回车,结果如图 5-35（b）所示

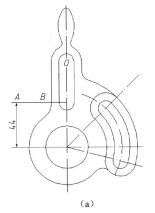

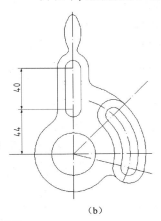

（a）　　　　　　　　　　　　　　　（b）

图 5-35　连续标注

③ 调用"基线标注"命令：

◆ 选择下拉菜单：【标注】/【基线】

◆ 单击"标注"工具栏中的按钮：⊟

◆ 在命令行输入命令：Dimbaseline

命令:_dimbaseline　　　　　　　　　//自动以最后创建尺寸的起点为基点

指定第二条延伸线原点或 [放弃(U)/选择(S)] <选择>：//回车重新选择标注基准

选择基准标注：　　　　　　　　　　//单击边44 mm的标注边CD,如图5-36(a)所示

指定第二条延伸线原点或 [放弃(U)/选择(S)] <选择>：//捕捉圆心O

标注文字 = 132

指定第二条延伸线原点或 [放弃(U)/选择(S)] <选择>：//回车

选择基准标注：　　　　　　　　　　//回车，结果如图5-36（b）所示

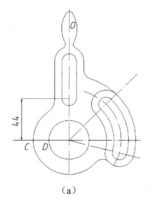　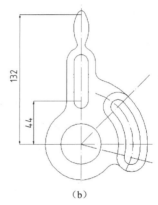

（a）　　　　　　　　　　（b）

图5-36　基线标注

④ 调用"角度标注"命令：

◆ 选择下拉菜单：【标注】/【角度】

◆ 单击"标注"工具栏中的按钮：△

◆ 在命令行输入命令：Dimangular

命令:_dimangular

选择圆弧、圆、直线或 <指定顶点>：　　//单击直线AB,如图5-37(a)所示

选择第二条直线：　　　　　　　　　　//单击直线CD,如图5-37(a)所示

指定标注弧线位置或 [多行文字(M)/文字(T)/角度(A)/象限点(Q)]：

标注文字 = 45　　　　　　　　　　//鼠标拖至适当位置处单击右键

再次调用"角度标注"命令，完成所有角度标注，如图5-37（b）所示。

⑤ 调用"直径标注"命令：

◆ 选择下拉菜单：【标注】/【直径】

◆ 单击"标注"工具栏中的按钮：⊘

◆ 在命令行输入命令：Dimdiameter

命令:_dimdiameter

选择圆弧或圆：　　　　　　　　　　//单击圆a,如图5-38(a)所示

标注文字 = 42

指定尺寸线位置或 ［多行文字(M)／文字(T)／角度(A)］：//在适当位置处单击鼠标右键

再次调用"直径标注"命令，完成如图 5-38（b）所示的所有直径标注。

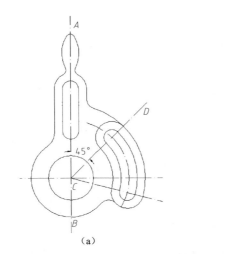
（a）

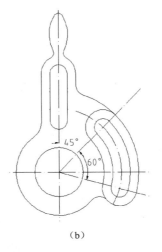
（b）

图 5-37　角度标注

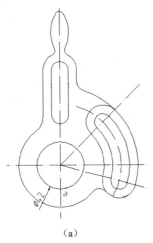
（a）

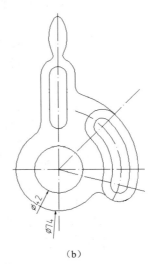
（b）

图 5-38　直径标注

⑥ 调用"半径标注"命令：

◆ 选择下拉菜单：【标注】／【半径】

◆ 单击"标注"工具栏中的按钮：⊘

◆ 在命令行输入命令：DIMRADIUS

命令：DIMRADIUS

选择圆弧或圆：　　　　　　　　　　　//单击半径为 15 mm 的圆弧,如图 5-39(a)所示

标注文字 = 15

指定尺寸线位置或 ［多行文字(M)／文字(T)／角度(A)］://将鼠标拖至适当位置处单击右键

　　再次调用"半径标注"命令，完成如图 5-39（b）所示的所有尺寸标注。

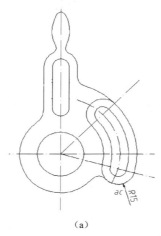　　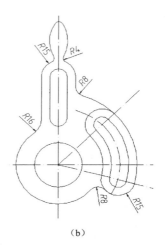

（a）　　　　　　　　　　　　　　　　　　　　　　（b）

图 5-39　半径标注

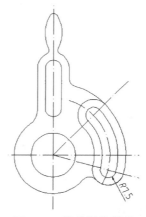

图 5-40　替代标注样式

　　⑦ 创建"尺寸标注实例 1"标注样式的替代样式（主单位中的精度调整为"0.0"），调用"半径标注"命令，完成如图 5-40 所示的尺寸标注。

6. 知识扩展

1）线性标注

（1）在指定第一条尺寸界线原点之前，也可按回车键，选择要标注的对象。

（2）在指定尺寸线位置之前，可利用多个选项进行设置。

① 多行文字（M）：选中该项可打开"多行文字编辑器"对话框，其中方框中数字表示 AutoCAD 自动测量的数据，用户可以删除默认值，输入新的数值，也可在括号前后添加文字与控制符。

② 文字（T）：选中该项可使用户在命令行修改尺寸文本的内容。

③ 角度（A）：选中该项可设置文字的放置角度。

④ 水平（H）：选中该项可绘制水平方向的尺寸标注。

⑤ 垂直（V）：选中该项可绘制垂直方向的尺寸标注。

⑥ 旋转（R）：选中该项可绘制倾斜的尺寸标注。

2）连续标注

用来标注一系列首尾连接不断的尺寸，每一个尺寸的后一个尺寸界线都是下一个尺寸的前一个界线。在创建连续标注前，同样先标注一个尺寸，执行连续标注命令时，系统会自动选择最后创建的尺寸点作为下一个尺寸的起点来建立连续标注。

3）角度标注

（1）在选择圆弧、圆、直线前，也可回车指定顶点。

（2）在指定标注弧线位置前，可对多个选项进行设置。各选项含义与线性标注相同。

4）直径标注

用于标注圆、圆弧的直径。标注时，系统自动在尺寸数字前加入符号"ϕ"。在指定尺寸位置前，也可设置选项，其选项含义同线性标注。

5）半径标注

用于标注圆、圆弧的半径。标注时，系统自动在尺寸数字前加入符号"R"。在指定尺寸位置前，也可设置选项，选项含义同线性标注。

6）圆心标记

调用"圆心标记"命令：

◆ 选择下拉菜单：【标注】/【圆心标记】

◆ 单击"标注"工具栏中的按钮：⊕

◆ 在命令行输入命令：Dimcenter

用于标注、绘制圆、圆弧的圆心标记、中心线。圆心标记、中心线的选择可由"修改标注样式"对话框中"符号和箭头"页标签下的"圆心标记"选项组的选项确定。

任务五 尺寸标注实例 2

1. 任务引入

按图 5-41 所示图形尺寸精确绘图，绘图方法和图形编辑方法不限，未明确线宽，线宽为 0，按本图示标注图形。

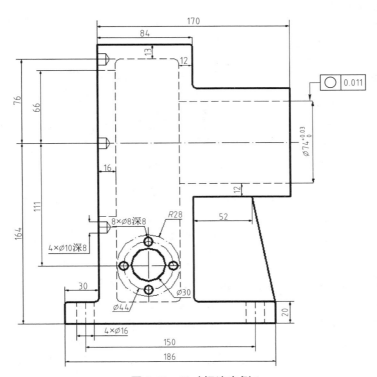

图 5-41 尺寸标注实例 2

新建文件，完成以下操作：

1）设置绘图环境，创建图层

（1）图层 L1，线型为 Center，颜色为红色，轴线绘制在该层上。

（2）图层 L2，线型为 Dashed2，颜色为紫色，图形中的虚线绘制在该层上。

（3）标注层 DIM，颜色为蓝色，线型为细实线，标注绘制在该层上。

（4）其他图形均创建在默认的图层 0 上。

2）精确绘图

（1）根据图上的尺寸，利用绘图和修改命令精确绘图。

（2）图中外轮廓线线宽为 0.30 mm，未注明圆角半径为 2 mm 或 4 mm。

3）尺寸标注

创建合适的标注样式，标注图形。

完成后将图形存入自己的文件夹下，命名为"尺寸标注实例 2"。

2. 知识点

尺寸公差标注、多重引线标注、公差标注、编辑标注文字、编辑标注。

3. 图形分析

绘制该图形，首先绘制水平轴线，其次调用"直线"等命令绘制其外部轮廓，然后调用"圆"命令完成通孔的绘制，最后完成螺纹孔的绘制。

4. 图形绘制

1）新建文件

打开 AutoCAD，新建文件"尺寸标注实例 2.dwg"。

2）建立图层

建立图层，如图 5-42 所示。

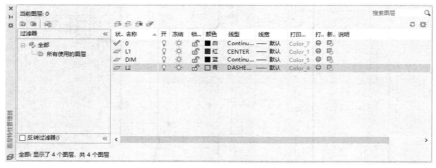

图 5-42　建立图层

3）绘制轴线

将 L1 层置为当前层，开启正交功能，调用"直线"命令：

命令：_line 指定第一点：　　　　　　//在任意处单击鼠标右键

指定下一点或 [放弃(U)]:200　　　　//绘制水平轴线 AB,回车,如图 5-43 所示

指定下一点或 [放弃(U)]:　　　　　//回车

A　　　　　　　　　　　　　　　　　B

图 5-43　绘制轴线 *AB*

4）绘制外部轮廓线

（1）调用"偏移"命令：向下偏移 164 mm、上偏移 76 mm，再将上偏移 76 mm 得出的直线向上偏移 13 mm，并将偏移出的直线调整到适当的图层；绘制长 20 mm 的直线，并调用"偏移"命令，向右偏移 30 mm，得到直线 CD，如图 5-44（a）所示。

（2）调用"延伸"命令，将直线 CD 延伸至顶端直线，如图 5-44（b）所示。

命令：_extend

当前设置：投影=UCS,边=无

选择边界的边...

选择对象或 <全部选择>：找到 1 个   //单击最上方直线

选择对象：   //回车

选择要延伸的对象,或按住"Shift"键选择要修剪的对象,或

[栏选(F)/窗交(C)/投影(P)/边(E)/放弃(U)]： //单击直线 CD

选择要延伸的对象,或按住"Shift"键选择要修剪的对象,或

[栏选(F)/窗交(C)/投影(P)/边(E)/放弃(U)]： //回车

（3）调用"偏移"命令，横向偏移距离分别为 16 mm、84 mm、12 mm、170 mm，纵向偏移距离分别为 37 mm、12 mm、20 mm，并将各直线调整到适当图层，如图 5-44（c）所示。

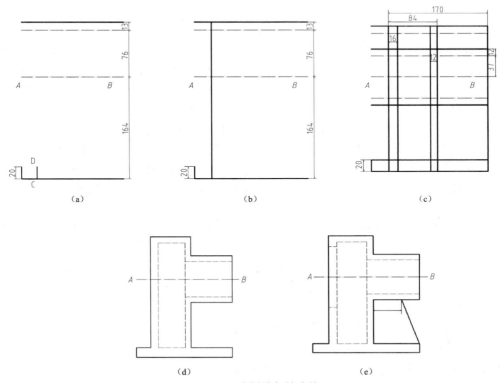

图 5-44 绘制外部轮廓线

（4）调用"修剪"命令，绘制如图 5-44（d）所示的图形。

（5）调用"圆角"命令（半径设置为 2 mm）、"偏移"命令（偏移距离为 52 mm），调用"直线"命令，捕捉切点与交点，绘制如图 5-44（e）所示的图形。

5）绘制通孔

（1）再次调用"偏移"命令，偏移距离为 111 mm；捕捉 ab 边中点绘制垂直轴线，如图 5-45（a）所示。

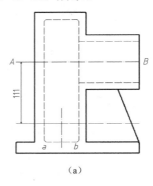
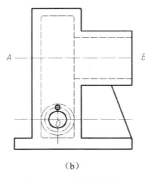
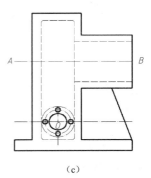

图 5-45　绘制通孔

（2）调用"圆"命令，圆半径分别为 28 mm、22 mm、15 mm、4 mm，如图 5-45（b）所示。

（3）调用"阵列"命令：

```
命令:_array
指定阵列中心点:            //选择环形阵列,捕捉圆心
选择对象:找到 1 个         //单击半径为 4 mm 的小圆
选择对象:                  //回车,指定项目总数为4,填充角度为360°,回车,如图5-45(c)
                             所示
```

6）绘制螺纹孔

（1）调用"偏移"命令，将直线 AB 分别偏移 5 mm、66 mm、76 mm、10 mm，如图 5-46（a）所示。调用"修剪"命令，修剪多余线条，结果如图 5-46（b）所示。

（2）调用"直线"命令（角度为 60°），完成螺栓孔的绘制，如图 5-46（c）所示。

（3）调用"复制"命令，捕捉交点，完成如图 5-46（d）所示图形的绘制。

7）完善图形

（1）调用"偏移"命令，完成地角螺栓孔的绘制，如图 5-47（a）所示。

（2）调用"圆角"命令，完成"尺寸标注实例 2"的绘制，如图 5-47（b）所示。

5. 尺寸标注

1）创建文字样式

创建"尺寸标注-3.5"文字样式（同本项目任务一）。

2）创建标注样式

"尺寸标注实例 2"同本项目任务三，需要修改的参数如下：

打开"标注样式管理器"，单击"文字"选项卡，打开"文字"页标签，在"文字对齐"选项组的选项中选择"ISO 标准"。

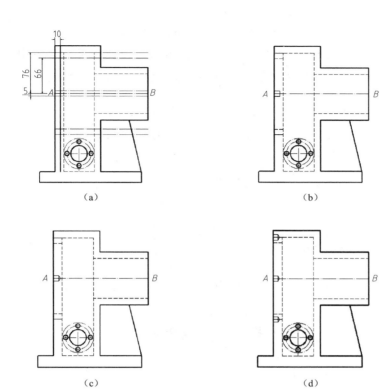

图 5-46 绘制螺纹孔

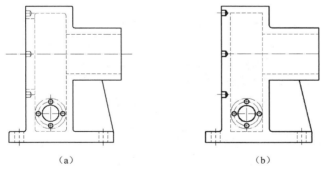

图 5-47 完善图形

3）标注过程

将 DIM（标注）层置为当前图层，调出"标注"工具栏。

（1）尺寸公差标注。

调用"线性标注"命令：

命令：_dimlinear

指定第一条延伸线原点或 <选择对象>：　　　　　//捕捉第一条直线的端点

指定第二条延伸线原点：　　　　　　　　　　　//捕捉第二条直线的端点

指定尺寸线位置或

[多行文字(M)/文字(T)/角度(A)/水平(H)/垂直(V)/旋转(R)]:m

　　　　　　//输入命令"M",进入多行文字编辑器,输入文字 $\phi74+0.03\hat{}-0.0$,选中"+0.03^-0.0",
　　　　　　单击多行文字编辑器中堆叠命令, $\phi74^{+0.03}_{-0.0}$

指定尺寸线位置或

[多行文字(M)/文字(T)/角度(A)/水平(H)/垂直(V)/旋转(R)]:

　　　　　　//鼠标右键在适当位置处单击,完成本次标注,如图5-48所示

标注文字 = 74

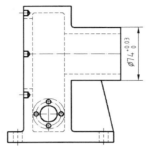

图 5-48　尺寸公差标注

（2）形位公差标注。

① 调用"多重引线"命令：

◆ 选择下拉菜单：【标注】/【引线】

◆ 在命令行输入命令：Mleader

命令:_mleader

指定引线箭头的位置或 [引线基线优先(L)/内容优先(C)/选项(O)] <选项>:l

　指定引线基线的位置或 [引线箭头优先(H)/内容优先(C)/选项(O)] <引线箭头优先>:h

　指定引线箭头的位置或 [引线基线优先(L)/内容优先(C)/选项(O)] <引线基线优先>:o

　输入选项 [引线类型(L)/引线基线(A)/内容类型(C)/最大节点数(M)/第一个角度(F)/第二个角

度(S)/退出选项(X)] <退出选项>:f　　　　　　//输入命令"F",指定引线第一个角度

　　输入第一个角度约束<0>:90　　　　　　　//指定引线角度为90°(垂直)

　　输入选项 [引线类型(L)/引线基线(A)/内容类型(C)/最大节点数(M)/第一个角度(F)/第二个角

度(S)/退出选项(X)] <第一个角度>:s　　　　//输入命令"S",指定引线第二个角度

　　输入第二个角度约束 <0>:180　　　　　　//指定引线角度为180°(水平)

　　输入选项 [引线类型(L)/引线基线(A)/内容类型(C)/最大节点数(M)/第一个角度(F)/第二个角

度(S)/退出选项(X)] <第二个角度>:x　　　　//退出多重引线选项设置

　　指定引线箭头的位置或 [引线基线优先(L)/内容优先(C)/选项(O)] <选项>:

　　　　　　　　　　　//在适当位置处单击鼠标右键

　　指定引线基线的位置:

　　　　　　　　　　　//再次单击鼠标右键,指定多重引线第二点,单
　　　　　　　　　　　击多行文字编辑器"确定"按钮,退出引线标
　　　　　　　　　　　注,如图5-49所示

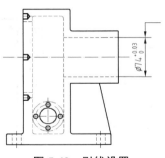

图 5-49　引线设置

② 调用"公差标注"命令：

◆ 选择下拉菜单：【标注】/【公差】

◆ 单击"标注"工具栏中的按钮：

◆ 在命令行输入命令：Tolerance

命令:_tolerance　　　//弹出"形位公差"对话框,如图 5-50(a)所示,单击"符号"工具栏,
　　　　　　　　　　　弹出"特征符号"对话框,如图 5-50(b)所示;选择特征符号"○";在
　　　　　　　　　　　"公差 1"文本框中输入"0.011",单击"确定"按钮,如图 5-50(c)
　　　　　　　　　　　所示

输入公差位置:　　　　//放置在引线位置处,如图 5-50(d)所示

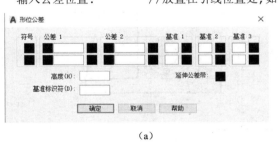

（a）

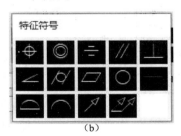

（b）

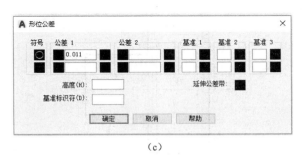

（c）

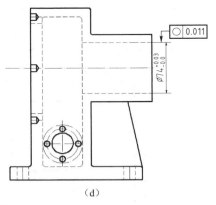

（d）

图 5-50　公差标注

（3）分别调用"半径标注""直径标注"命令标注图 5-51（a）所示尺寸；调用"线性标注"命令标注图 5-51（b）所示尺寸；调用"连续标注"命令标注图 5-51（c）所示尺寸；调用"基线标注"命令标注图 5-51（d）所示尺寸。

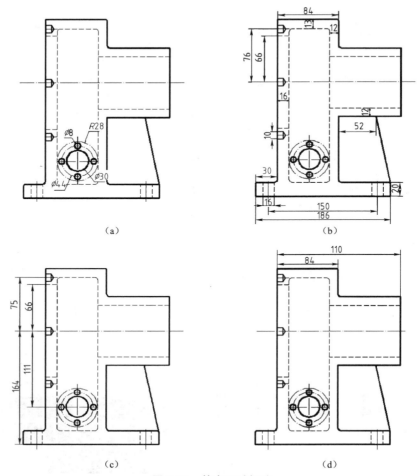

图 5-51　基本尺寸标注

（4）编辑标注文字，如图 5-52 所示。

在图 5-52（a）所示中有两处标注的位置不符合本实例的要求，下面调用"编辑标注文字"命令将其修改，如图 5-52（b）所示。

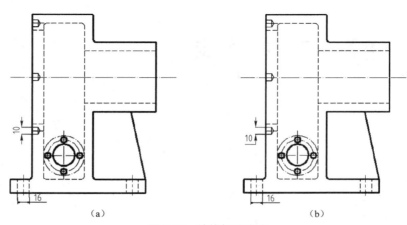

图 5-52　编辑标注文字

调用"编辑标注文字"命令：

◆ 选择下拉菜单：【标注】/【编辑标注文字】

◆ 单击"标注"工具栏中的按钮： ⌐ᴬ

◆ 在命令行输入命令：DIMTEDIT

命令：DIMTEDIT

选择标注： //单击标注"10"，如图 5-52（a）所示

为标注文字指定新位置或 [左对齐(L)/右对齐(R)/居中(C)/默认(H)/角度(A)]：

//鼠标拖至适当位置处单击

再次调用"编辑标注文字"命令，完成图 5-52（b）所示的标注。

（5）编辑标注，如图 5-53 所示。

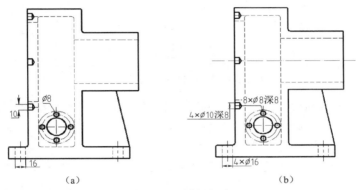

（a） （b）

图 5-53 编辑标注

图 5-53（a）中还有 3 处不符合（已注明）图 5-41 中标注的文字要求，下面调用"编辑标注"命令将其修改正确（这 3 处标注也可以采用本项目实例 1"尺寸公差标注"的方法，直接进入多行文字编辑器进行文字编辑）。

调用"编辑标注"命令：

◆ 选择下拉菜单：【标注】/【编辑标注】

◆ 单击"标注"工具栏中的按钮： ↙Aᴸ

◆ 在命令行输入命令：Dimedit

命令：_dimedit

输入标注编辑类型 [默认(H)/新建(N)/旋转(R)/倾斜(O)] <默认>:N

//输入"N"，选择新建，进入多行文字编辑器，在多行文字编辑器中输入

"4×⌀10 深 8"，单击"确定"按钮

选择对象:找到 1 个 //单击原有标注"10"

选择对象： //回车，修改完成，同理，修改第 2、第 3 处，如图 5-53(b)所示

6. 知识扩展

（1）引线箭头有多种形式，该选项在"新建标注样式"的"符号和箭头"选项卡的"箭头"选项组中"引线"下拉列表框中，可设置多种引线箭头形式，如图 5-54 所示。

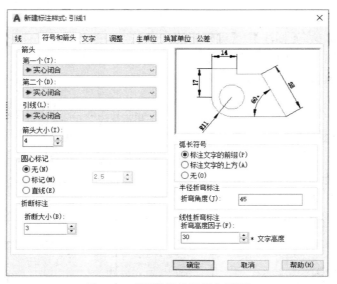

图 5-54 "引线箭头设置"界面

（2）在标注形位公差时，弹出"形位公差"对话框，如图 5-50（a）所示，其标注说明如下：

① 单击"符号"选项组下的黑块，弹出"特征符号"对话框，如图 5-50（b）所示。选择形位公差符号，返回"形位公差"对话框。

② 单击"公差 1"选项组下的黑块，出现符号"○"，在文本框中输入公差。

③ 在文本框中输入基准代号，单击"确定"按钮，完成形位公差标注。

（3）对齐标注。调用"对齐标注"命令：

◆ 选择下拉菜单：【标注】/【对齐】

◆ 单击"标注"工具栏中的按钮：

◆ 在命令行输入命令：Dimaligned

命令:_dimaligned

指定第一条延伸线原点或 <选择对象>:   //捕捉 A 点

指定第二条延伸线原点: //捕捉 B 点

指定尺寸线位置或

[多行文字(M)/文字(T)/角度(A)]:   //鼠标移动至合适位置单击

标注文字 = 51.478

标注出对齐尺寸 51.478 mm，如图 5-55 所示。

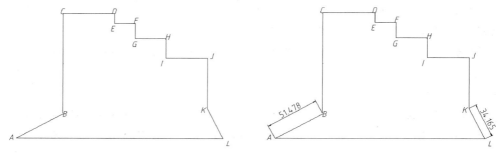

图 5-55　对齐标注

任务六　尺寸标注实例 3

1. 任务引入

按图 5-56 所示图形尺寸精确绘图，绘图方法和图形编辑方法不限，未明确线宽，线宽为 0，按本图示标注图形。

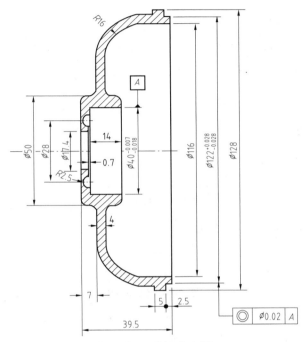

图 5-56　尺寸标注实例 3

新建文件，完成以下操作：

1）设置绘图环境，创建图层

（1）图层 L1，线型为 Center，颜色为红色，轴线绘制在该层上。

（2）标注层 DIM，颜色为蓝色，线型为细实线，标注绘制在该层上。

（3）其他图形均创建在默认的图层 0 上。

2）精确绘图

（1）根据图上的尺寸，利用绘图和修改命令精确绘制图"尺寸标注实例 3"。

（2）图中外轮廓线线宽为 0.30 mm，未注明圆角半径为 3 mm。

（3）尺寸标注。创建合适的标注样式，标注图形。

完成后将图形存入自己的文件夹下，命名为"尺寸标注实例 3"。

2. 知识点

更新标注、形位公差标注（基准符号）、尺寸公差标注、线性标注、半径标注、编辑标注文字。

3. 图形分析

该图形的特点是上下对称，因此只画下半部分，调用"镜像"命令，完成上半部分的绘制。下半部分先绘制其外部轮廓，再调用"直线""圆"等命令完成其内部槽的绘制。

4. 图形绘制

（1）新建文件。打开 AutoCAD，新建文件如图 5-56 所示。

（2）建立图层，如图 5-57 所示。

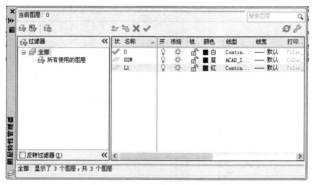

图 5-57　建立图层

（3）绘制轴线 *AB*，如图 5-58 所示。

$$A \;\; ----\cdot----\;\; B$$

图 5-58　轴线 *AB*

命令:＿line 指定第一点:　　　　　　　　　　//在屏幕任意处单击鼠标左键

指定下一点或 [放弃(U)]:＜正交 开＞ 70　//给定轴线长度 70 mm

指定下一点或 [放弃(U)]:　　　　　　　　　//回车

（4）绘制外部轮廓线。

① 调用"直线"命令（L）：

命令:＿line 指定第一点:

指定下一点或 [放弃(U)]:64　　　　　　//捕捉轴线 *B* 点,回车,垂直直线长度为 64 mm,回车

指定下一点或 [放弃(U)]:　　　　　　　//回车,如图 5-59（a）所示

② 调用"偏移"命令，横向偏移距离分别为 25 mm、58 mm，纵向偏移距离分别为 39.5 mm、7 mm、4 mm、7 mm，如图 5-59（b）所示；调用"修剪"命令，将多余线段修剪掉，如图 5-59（c）所示。

③ 调用"圆角"命令：

命令:＿fillet

当前设置:模式 = 修剪,半径 = 3.0000

选择第一个对象或 [放弃(U)/多段线(P)/半径(R)/修剪(T)/多个(M)]:r

指定圆角半径 ＜3.0000＞:16

选择第一个对象或 [放弃(U)/多段线(P)/半径(R)/修剪(T)/多个(M)]: //选择边 *CD*

选择第二个对象,或按住"Shift"键选择要应用角点的对象://选择边 *EF*,完成圆角,如图 5-59(d) 所示

④ 调用"偏移"命令，指定偏移距离为 4 mm，如图 5-59（e）所示。

⑤ 调用"偏移"命令，指定纵向偏移距离为 2.5 mm、5 mm，横向偏移距离为 61 mm、64 mm，如图 5-59（f）所示。

⑥ 调用"偏移"命令，将边 *CD* 偏移 4 mm，再调用"修剪"命令，结果如图 5-59（g）所示。

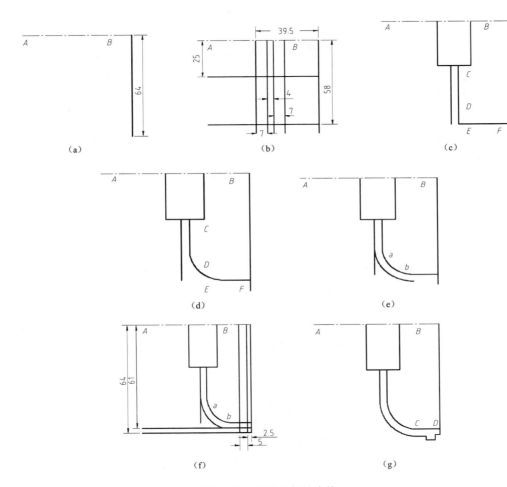

图 5-59　绘制外部轮廓线

（5）绘制内部槽。

① 调用"偏移"命令，横向偏移距离分别为 20 mm、14 mm、8.7 mm，纵向偏移距离分别为 14 mm、0.7 mm，调用"圆"命令，绘制半径为 *R*2.5 mm 的小圆，如图 5-60（a）所示。

② 调用"修剪"命令，将多余线段修剪掉，如图 5-60（b）所示。

③ 调用"圆角"命令，圆角半径为 *R*3 mm，如图 5-60（c）所示。

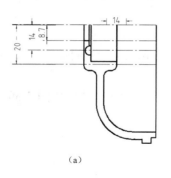
（a）

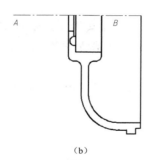
（b）

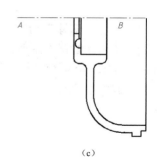
（c）

图 5-60　绘制内部槽

（6）完善图形，如图 5-61 所示。

① 调用"镜像"命令：

命令：_mirror

选择对象：指定对角点：找到 19 个　　　　　//选择除轴线 AB 以外的所有对象

选择对象：　　　　　　　　　　　　　　　　//选择完成后，回车

指定镜像线的第一点：　　　　　　　　　　　//捕捉端点 A

指定镜像线的第二点：　　　　　　　　　　　//捕捉端点 B

要删除源对象吗？[是(Y)/否(N)] <N>：　　　//回车

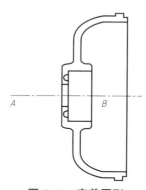

图 5-61　完善图形

② 调用"图案填充"命令，绘制剖面线。

命令：_bhatch　　　　//弹出"图案填充和渐变色"对话框，参数设置如图 5-62(a)所示

拾取内部点或 [选择对象(S)/删除边界(B)]：正在选择所有对象...

　　　　　　//采用拾取点的方式，鼠标在上半部分需要填充的图案内部空白处单击左键

拾取内部点或 [选择对象(S)/删除边界(B)]：

　　　　　　//鼠标在下半部分需要填充的图案内部空白处单击左键

拾取内部点或 [选择对象(S)/删除边界(B)]：

　　　　　　//回车，回到"图案填充和渐变色"对话框，单击"确定"按钮，完成图案填充，

　　　　　　　如图 5-62(b)所示

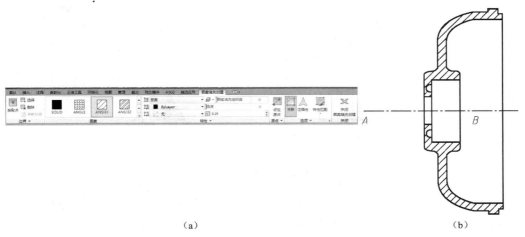

（a）　　　　　　　　　　　　　　　　　　（b）

图 5-62　剖面线绘制

5. 尺寸标注

（1）文字样式创建，同本项目任务一"尺寸标注-3.5"。

（2）创建新的尺寸标注样式：尺寸标注实例 3（同本项目任务三）。

（3）标注过程。将 DIM 层置为当前层，调出"标注"工具栏。

① 分别调用"线性标注""半径标注""编辑标注文字"命令，完成如图 5-63 所示的尺寸标注。

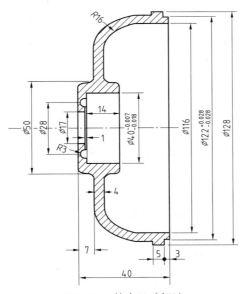

图 5-63　基本尺寸标注

② 形位公差标注。绘制基准符号，调用"正多边形""直线"命令，尺寸如图 5-64（a）所示。

创建图块属性。调用"定义属性"命令，定义图块属性（创建方法见项目四）。

创建外部块（方便后面的形位公差标注）。调用"WBLOCK"命令，创建外部块，图块命名为"基准符号"，选择如图 5-64（b）所示的点为基点，并将该块保存在自己的文件夹下。

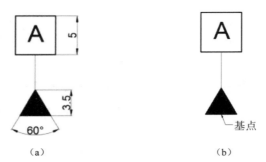

图 5-64　基准符号

插入基准符号。调用"插入块"命令，将"基准符号"块插入图中，如图 5-65（a）所示。标注形位公差，方法同本项目任务六，结果如图 5-65（b）所示。

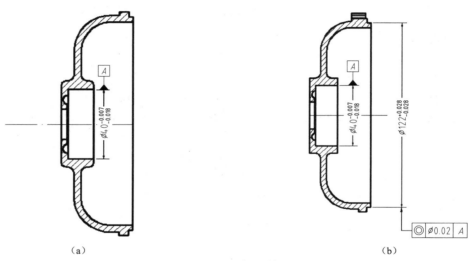

图 5-65　形位公差标注

③ 更新标注。创建"尺寸标注实例 3"的替代样式（将精度设置为"0.0"），更新已有尺寸标注，如图 5-66 所示。

调用"标注更新"命令：

◆ 选择下拉菜单：【标注】/【标注更新】

◆ 单击"标注"工具栏中的按钮：

◆ 在命令行输入命令：Dimstyle

命令:_-dimstyle

当前标注样式:尺寸标注实例 3　　注释性:否

当前标注替代:

DIMDEC　　　　尺寸标注实例 3

DIMTDEC　　　　尺寸标注实例 3

输入标注样式选项

[注释性(AN)/保存(S)/恢复(R)/状态(ST)/变量(V)/应用(A)/?] <恢复>:_apply

选择对象:找到 1 个	//单击尺寸为 40 的标注
选择对象:找到 1 个,总计 2 个	//单击尺寸为 3 的标注
选择对象:找到 1 个,总计 3 个	//单击尺寸为 40 的标注
选择对象:找到 1 个,总计 4 个	//单击尺寸为ϕ17 的标注
选择对象:找到 1 个,总计 5 个	//单击尺寸为 1 的标注
选择对象:	//回车

6. 知识扩展

更改标注样式还可采用以下方法:

在对图形进行尺寸标注时，常常发生需要修改的情况，标注编辑用于修改标注文字、旋转标注文字、移动标注文字、倾斜尺寸界线；标注更新用于统一修改某一类型的尺寸样式。

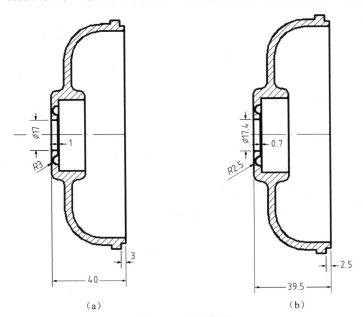

（a）　　　　　　　　　　　　（b）

图 5-66　更新标注

打开"标注样式管理器"对话框，单击"修改"，在"文字"选项卡中单击"文字样式"右侧按钮，弹出"文字样式"对话框。单击"应用""关闭"按钮，完成标注样式的修改。

任务七　尺寸标注实例 4

1. 任务引入

按图 5-67 所示图形尺寸精确绘图，绘图方法和图形编辑方法不限，未明确线宽，线框为 0，按本图示标注图形。

新建文件，完成以下操作:

（1）设置绘图环境，创建以下图层:

① 图层 L1，线型为 Center，颜色为红色，轴线绘制在该层上。

② 标注层 DIM，颜色为蓝色，线型为细实线，标注绘制在该层上。

③ 其他图形均创建在默认的图层 0 上。

（2）精确绘图：

① 根据图上的尺寸，利用绘图和修改命令精确绘制图"尺寸标注实例 4"。

② 图中外轮廓线线宽为 0.30 mm，未注明圆角半径为 2 mm。

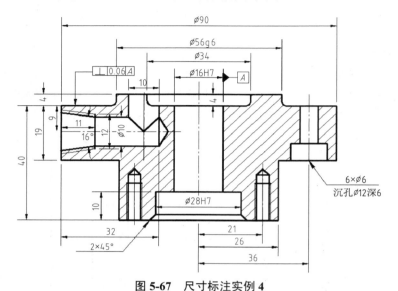

图 5-67　尺寸标注实例 4

（3）尺寸标注：创建合适的标注样式，标注图形。

完成后将图形存入自己的文件夹下，命名为"尺寸标注实例 4"。

2．知识点

线性标注、形位公差标注、角度标注和引线标注。

3．图形分析

该图形先绘制外部轮廓，再完成沉头螺栓孔、锥螺纹、螺纹孔、沉孔等的绘制，如图 5-68 所示。

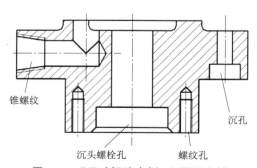

图 5-68　"尺寸标注实例 4"图形分析

4．图形绘制

（1）新建文件。打开 AutoCAD，新建文件"尺寸标注实例 4.dwg"。

（2）建立图层，如图 5-69 所示。

（3）开启正交功能，绘制垂直的轴线 AB，长度为 60 mm，如图 5-70 所示。

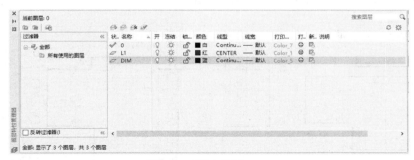

图 5-69　建立图层

图 5-70　轴线 *AB*

（4）绘制外部轮廓线。

① 调用"偏移"命令，纵向偏移距离分别为 19 mm、40 mm、4 mm；横向偏移距离为 45 mm、27 mm、26 mm，如图 5-71（a）所示。

② 调用"修剪"命令，修剪出外部轮廓线，如图 5-71（b）所示。

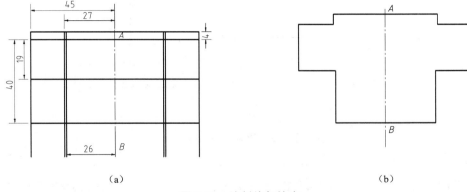

（a）　　　　　　　　　　　　　　　　　　　　　　　（b）

图 5-71　绘制外部轮廓

（5）绘制沉头螺栓孔。

① 调用"偏移"命令，横向偏移距离为 17 mm、14 mm、8 mm；纵向偏移距离为 2 mm、10 mm，如图 5-72（a）所示。

② 调用"修剪"命令，将图形修剪，如图 5-72（b）所示。

③ 调用"倒角"命令：

```
命令:_chamfer
("修剪"模式) 当前倒角距离 1 = 0.0000,距离 2 = 0.0000
选择第一条直线或 [放弃(U)/多段线(P)/距离(D)/角度(A)/修剪(T)/方式(E)/多个(M)]:a
指定第一条直线的倒角长度 <0.0000>:2.0000
指定第一条直线的倒角角度 <0>:45
选择第一条直线或 [放弃(U)/多段线(P)/距离(D)/角度(A)/修剪(T)/方式(E)/多个(M)]:
                              //单击图 5-72(c)中的直线 CD
选择第二条直线,或按住"Shift"键选择要应用角点的直线:
                              //单击图 5-72(c)中的直线 L
```

④ 调用"镜像"命令，完成绘制，如图 5-72（d）所示。

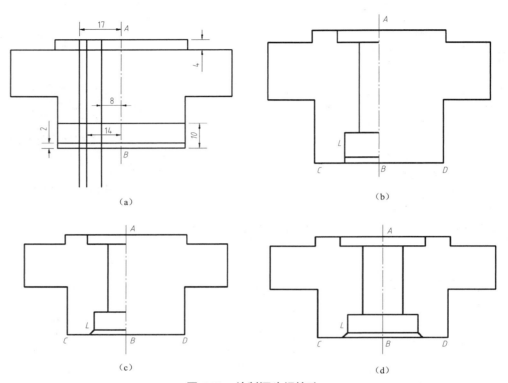

图 5-72　绘制沉头螺栓孔

（6）绘制锥螺纹。

① 调用"偏移"命令，纵向偏移距离为 9 mm、5 mm、6 mm；横向偏移距离为 11 mm、32 mm、10 mm、5 mm，如图 5-73（a）所示。

② 调用"修剪"命令，延伸命令，将图形修剪，如图 5-73（b）所示。

③ 调用"直线"命令，直线 ab 的角度为 −172°，直线 cd 的角度为 60°，如图 5-73（c）所示。

④ 调用"直线""镜像"命令，完成锥螺纹的绘制，如图 5-73（d）所示。

（7）绘制沉孔。

① 调用"偏移"命令，纵向偏移距离为 6 mm；横向偏移距离为 36 mm、3 mm、6 mm，如图 5-74（a）所示。

② 调用"修剪"命令，将图形修剪，如图 5-74（b）所示。

（8）绘制螺纹孔。

① 调用"偏移"命令，纵向偏移距离 13 mm；横向偏移距离为 21 mm、2.5 mm，如图 5-75（a）所示。

（2）调用"修改"工具栏中的各命令，对图形进行编辑处理，结果如图 5-75（b）所示。

（3）调用"直线""镜像"命令，完成螺纹孔的绘制，如图 5-75（c）所示。

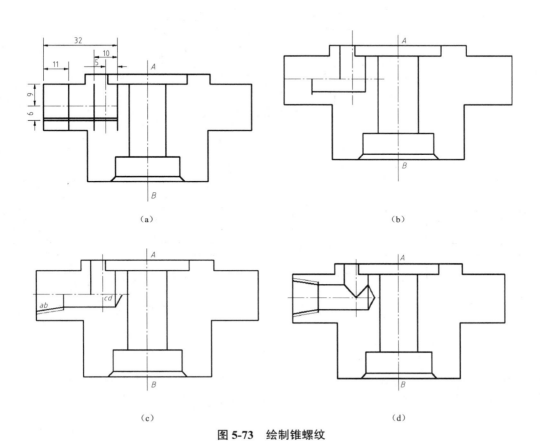

图 5-73　绘制锥螺纹

（a）　（b）　（c）　（d）

图 5-74　沉孔

（a）　（b）

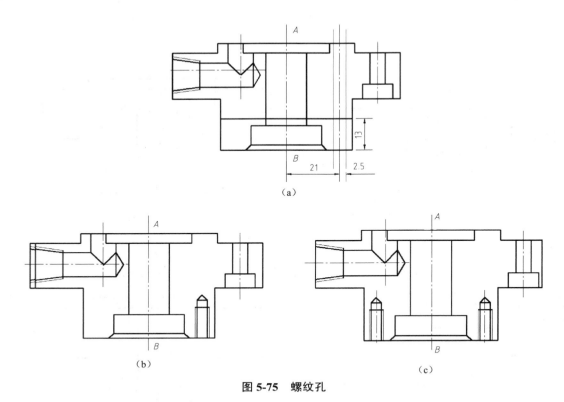

图 5-75 螺纹孔

（9）调用"圆角"命令，指定圆角半径为 2 mm，采用多次圆角，如图 5-76 所示。

（10）调用"图案填充命令"，完成剖面线的绘制，如图 5-77 所示。

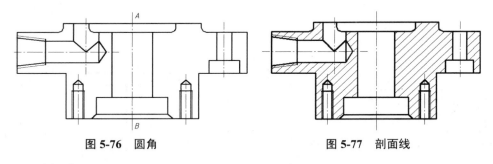

图 5-76 圆角   图 5-77 剖面线

5. 尺寸标注

（1）新建文字样式，同本项目任务一"尺寸标注-3.5"。

（2）创建标注样式：尺寸标注样式 4，同本项目任务三。

（3）标注过程。将 DIM 层置为当前层，调出"标注"工具栏：

① 调用"线性标注"命令，完成如图 5-78（a）所示的标注。

② 调用"线性标注"命令，进入多行文字编辑器，完成如图 5-78（b）所示的标注。

③ 调用"角度标注"命令，完成如图 5-78（c）所示的角度标注。

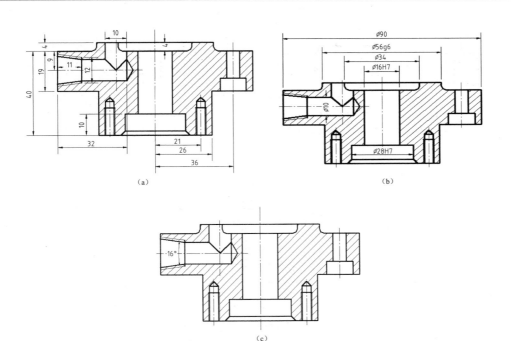

图 5-78 基本尺寸标注

④ 标注形位公差。

调用"插入块"命令，插入本任务创建的外部块"基准符号"。

调用"多重引线"命令：

命令: _mleader

指定引线箭头的位置或 [引线基线优先(L)/内容优先(C)/选项(O)] <选项>:o

输入选项 [引线类型(L)/引线基线(A)/内容类型(C)/最大节点数(M)/第一个角度(F)/第二个角度(S)/退出选项(X)] <退出选项>:f

输入第一个角度约束 <45>:90

输入选项 [引线类型(L)/引线基线(A)/内容类型(C)/最大节点数(M)/第一个角度(F)/第二个角度(S)/退出选项(X)] <第一个角度>:s

输入第二个角度约束 <180>:

输入选项 [引线类型(L)/引线基线(A)/内容类型(C)/最大节点数(M)/第一个角度(F)/第二个角度(S)/退出选项(X)] <第二个角度>:x

指定引线箭头的位置或 [引线基线优先(L)/内容优先(C)/选项(O)] <选项>:
　　　　　　　　　　　//在适当位置处单击鼠标左键

指定引线基线的位置：　　//在适当位置处单击鼠标左键,单击多行文字编辑器"确定"
　　　　　　　　　　　按钮,退出引线标注,如图5-79(a)所示

调用"公差标注"命令，完成形位公差标注，如图 5-79（b）所示。

调用"插入块"命令，插入"基准符号"（旋转-90°），如图 5-79（c）所示。

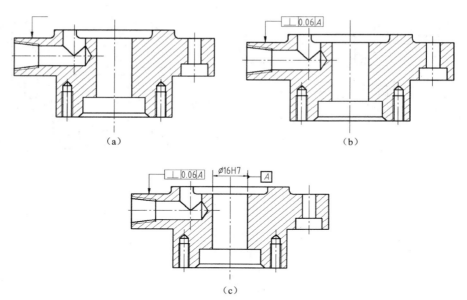

图 5-79　形位公差标注

⑤ 调用"多重引线标注"命令，完成图 5-80 所示的引线标注。

命令:_mleader

指定引线箭头的位置或 [引线基线优先(L)/内容优先(C)/选项(O)] <选项>:

输入选项 [引线类型(L)/引线基线(A)/内容类型(C)/最大节点数(M)/第一个角度(F)/第二个角度(S)/退出选项(X)] <退出选项>:f

输入第一个角度约束 <0>:45

输入选项 [引线类型(L)/引线基线(A)/内容类型(C)/最大节点数(M)/第一个角度(F)/第二个角度(S)/退出选项(X)] <第一个角度>:s

输入第二个角度约束 <0>:180

输入选项 [引线类型(L)/引线基线(A)/内容类型(C)/最大节点数(M)/第一个角度(F)/第二个角度(S)/退出选项(X)] <第二个角度>:x

指定引线箭头的位置或 [引线基线优先(L)/内容优先(C)/选项(O)] <选项>:

指定引线基线的位置：

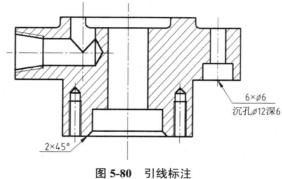

图 5-80　引线标注

6. 知识扩展

快速标注，如图 5-81 所示。

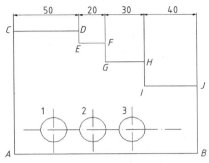

图 5-81　快速标注

调用"快速标注"命令：

◆ 选择下拉菜单：【标注】/【快速标注】

◆ 单击"标注"工具栏中的按钮：

◆ 在命令行输入命令：Qdim

命令：_qdim

关联标注优先级 = 端点

选择要标注的几何图形:找到 1 个　　　　　//选择直线 CD

选择要标注的几何图形:找到 1 个,总计 2 个　　//选择直线 EF

选择要标注的几何图形:找到 1 个,总计 3 个　　//选择直线 GH

选择要标注的几何图形:找到 1 个,总计 4 个　　//选择直线 IJ

选择要标注的几何图形:　　　　　　　　//回车

指定尺寸线位置或 [连续(C)/并列(S)/基线(B)/坐标(O)/半径(R)/直径(D)/基准点(P)/编辑(E)]

① 连续：创建连续标注。

② 并列：创建并列标注。

③ 基线：创建基线标注。

④ 坐标：创建坐标标注。

⑤ 半径：创建半径标注。

⑥ 直径：创建直径标注。

⑦ 基准点：为基线、坐标设置新的基准点。

⑧ 编辑：添加、删除标注点。

任务八　尺寸标注实例 5

1. 任务引入

按图 5-82 所示图形尺寸精确绘图，绘图方法和图形编辑方法不限，未明确线宽，线宽为 0，按本图示标注图形。

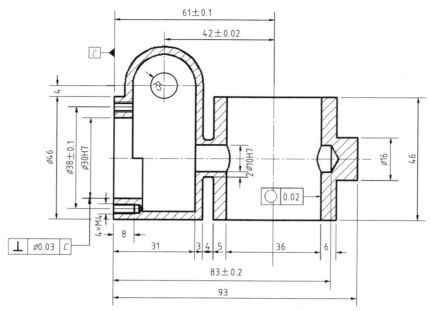

图 5-82　尺寸标注实例 5

新建文件，完成以下操作：

（1）设置绘图环境，创建如下图层：

① 图层 L1，线型为 Center，颜色为红色，轴线绘制在该层上。

② 标注层 DIM，颜色为蓝色，线型为细实线，标注绘制在该层上。

③ 其他图形均创建在默认的图层 0 上。

（2）精确绘图：

① 根据图上的尺寸，利用绘图和修改命令精确绘制图 5-82。

② 图中外轮廓线线宽为 0.30 mm，未注明圆角半径为 1 mm。

（3）尺寸标注：创建合适的标注样式，标注图形。

完成后将图形存入自己的文件夹下，命名为"尺寸标注实例 5"。

2．图形分析

绘制该图形，先绘制外部轮廓，再完成内腔 1、内腔 2、沉孔、剖面线的绘制，如图 5-83 所示。

3．图形绘制

1）新建文件

打开 AutoCAD，新建文件"尺寸标注实例 5.dwg"。

2）建立图层

建立图层如图 5-84 所示。

3）绘制轴线

（1）将 L1 图层置为当前图层，调用"直线"命令，开启正交功能，绘制长为 98 mm 的水平轴线 AB，如图 5-85（a）所示。

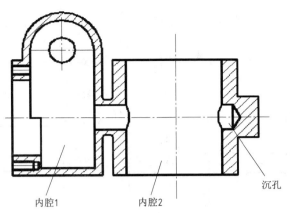

内腔1　　　内腔2　　　　　沉孔

图 5-83　尺寸标注实例 5 图形分析

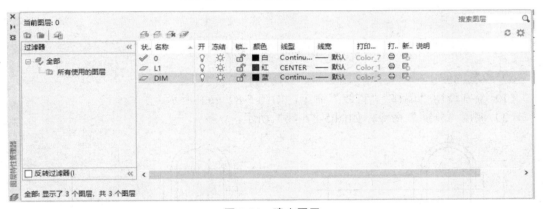

图 5-84　建立图层

命令：_line 指定第一点：

指定下一点或 [放弃(U)]：<正交 开> 98

指定下一点或 [放弃(U)]：

（2）调用"直线"命令，绘制长 80 mm 的垂直直线，然后调用"偏移"命令，偏移距离为 61 mm，并调整图层，如图 5-85（b）所示。

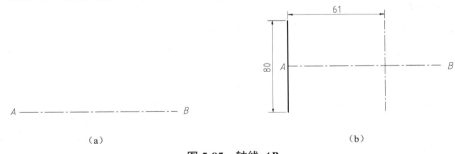

（a）　　　　　　　　　　　　　（b）

图 5-85　轴线 *AB*

4）绘制外部轮廓

（1）调用"偏移"命令，纵向偏移距离分别为 7 mm、8 mm、23 mm、27 mm；横向偏移距离分别为 34 mm、4 mm、47 mm，将图 5-85（b）中的 61 mm 直线向左偏移 42 mm，

以与最上边纵向线的交点为圆心，分别绘制直径为 24 mm 和 30 mm 的圆，如图 5-86（a）所示。

（2）调用"修剪"命令，完成图形的修剪，如图 5-86（b）所示。

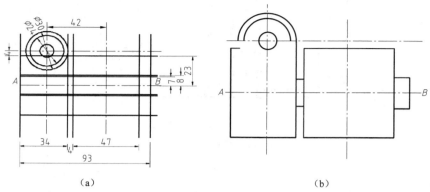

（a）　　　　　　　　　　　　　　　　（b）

图 5-86　外部轮廓

5）绘制内腔 1

（1）分别调用"偏移""直线"命令，如图 5-87（a）所示。

（2）调用"修剪"命令，如图 5-87（b）所示。

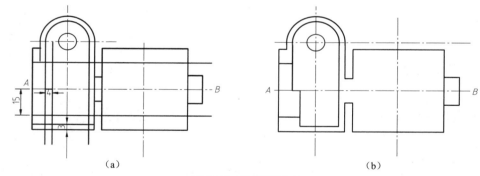

（a）　　　　　　　　　　　　　　　　（b）

图 5-87　绘制内腔 1

6）绘制内腔 2、沉孔

（1）分别调用"偏移""直线"命令，如图 5-88（a）所示。

（2）分别调用"修剪""直线""圆弧"命令，如图 5-88（b）所示。

7）绘制螺纹孔

（1）调用"偏移""直线"命令，如图 5-89（a）所示。

（2）调用"修剪""直线"命令，如图 5-89（b）所示。

8）完善图形

（1）调用"圆角"命令，如图 5-90（a）所示。

命令:_fillet

当前设置:模式 = 修剪,半径 = 0.0000

选择第一个对象或 [放弃(U)/多段线(P)/半径(R)/修剪(T)/多个(M)]:r

指定圆角半径:1.0000

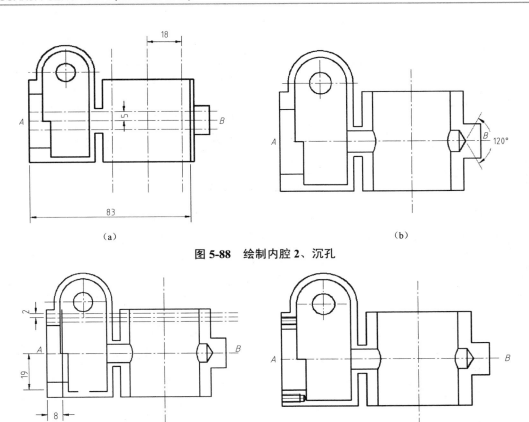

图 5-88　绘制内腔 2、沉孔

图 5-89　绘制螺纹孔

选择第一个对象或 [放弃(U)/多段线(P)/半径(R)/修剪(T)/多个(M)]:m

选择第一个对象或 [放弃(U)/多段线(P)/半径(R)/修剪(T)/多个(M)]:

选择第二个对象,或按住"Shift"键选择要应用角点的对象:

选择第一个对象或 [放弃(U)/多段线(P)/半径(R)/修剪(T)/多个(M)]:

选择第二个对象,或按住"Shift"键选择要应用角点的对象:

选择第一个对象或 [放弃(U)/多段线(P)/半径(R)/修剪(T)/多个(M)]:

选择第二个对象,或按住"Shift"键选择要应用角点的对象:

选择第一个对象或 [放弃(U)/多段线(P)/半径(R)/修剪(T)/多个(M)]:

选择第二个对象,或按住"Shift"键选择要应用角点的对象:

选择第一个对象或 [放弃(U)/多段线(P)/半径(R)/修剪(T)/多个(M)]:

（2）调用"图案填充"命令，如图 5-90（b）所示。

4. 尺寸标注

（1）创建文字样式：尺寸标注-3.5，同本项目任务一。

（2）创建标注样式：尺寸标注实例 5，同本项目任务二。

（3）尺寸标注过程。将 DIM 层置为当前层，调出"标注"工具栏：

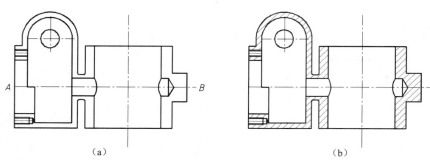

图 5-90　填充剖面线图形

① 调用"线性标注"命令，完成如图 5-91（a）所示的尺寸标注。

② 调用"连续标注"命令，完成如图 5-91（b）所示的尺寸标注。

③ 调用"半径标注"命令，完成如图 5-91（c）所示的尺寸标注。

④ 调用"线性标注"命令，进入"多行文字编辑器"，完成如图 5-91（d）所示的尺寸标注。

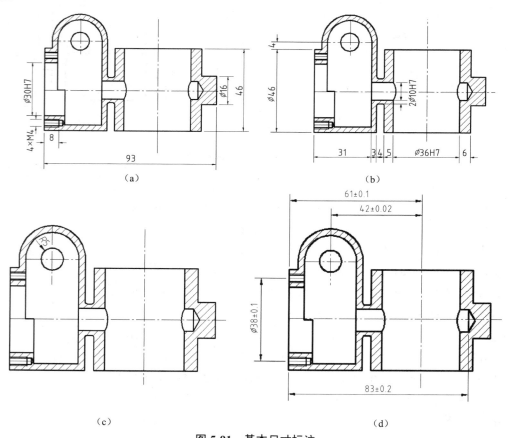

图 5-91　基本尺寸标注

⑤ 形位公差标注：

调用"插入块"命令，参数如图 5-92（a）所示。

　　调用"多重引线"命令（引线第一角度为90°，第二角度设置为180°），调用"公差标注"命令，完成如图5-92（b）所示的形位公差标注。

　　调用"多重引线标注"命令（引线第一、第二角度均设置为180°），调用"公差标注"命令，完成如图5-92（c）所示的形位公差标注。

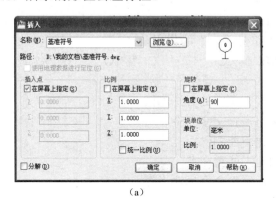

（a）

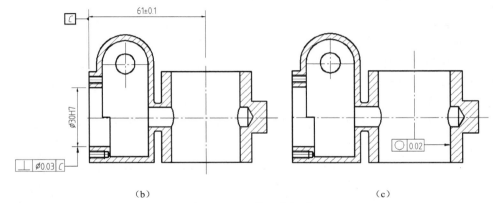

（b）　　　　　　　　　　　　　　　　　　（c）

图 5-92　形位公差标注

小　　结

　　本项目介绍了文字样式的设置方法以及技术要求、标题栏的文字填写等内容，文字样式设置可以控制文字的字体、字号、角度、方向和其他文字特征，可按照国家标准或需要设置文字样式设置。本项目介绍了尺寸样式的设置及尺寸标注、尺寸编辑的基本方法。

　　书写文字可采用单行文字或多行文字两种方法，单行文字用于书写简短的文字，创建的每行文字都是独立的对象，可以重新定位、调整样式；多行文字用于书写复杂的文字，可创建一个或多个文字段落，在多行文字编辑器中可选择文字样式、字体、字高和颜色属性等。

　　文字编辑可对已创建的文字进行编辑，更改文字内容、字体、字高等属性。

　　尺寸标注主要包括长度型尺寸标注、角度标注、直径标注、半径标注、圆心标注、引线标注、尺寸公差标注、快速标注等内容，应重点掌握线性尺寸、尺寸公差、倒角、形位公差的标注。倒角、形位公差的标注应注意设置好"多重引线"。

　　本项目还介绍了编辑与更新标注的方法。标注编辑用于修改标注文字、旋转标注文字、移动标志文字、倾斜尺寸界线；标注更新用于统一修改某一类型的尺寸样式。

练 习

一、选择题

1. AutoCAD 中输入符号 "±" 的代码是（　　　）。

A. %%C　　　　　B. %%D　　　　　C. %%O　　　D. %%P

2. AutoCAD 中输入符号 "。" 的代码是（　　　）。

A. %%D　　　　　B. %%C　　　　　C. %%O　　　D. %%P

二、判断题

1. 编辑单行文字与多行文字的方法相同。　　　　　　　　　　　　　（　　　）

2. 创建复杂文字采用多行文字命令。　　　　　　　　　　　　　　　（　　　）

3. 文字样式一旦创建不能删除。　　　　　　　　　　　　　　　　　（　　　）

4. 文字样式一旦创建不能重命名。　　　　　　　　　　　　　　　　（　　　）

5. 只能采用 "半径标注" 命令标注半径。　　　　　　　　　　　　　（　　　）

6. 可以采用 DMEDIT 命令更改尺寸标注样式。　　　　　　　　　　（　　　）

三、简答题

1. 如何创建文字样式 "文字标注-5"（长仿宋字体、5 号字）？

2. 如何创建、修改尺寸标注样式？

3. 如何标注公差尺寸？

四、操作题

1. 绘制题图 5-1 所示图形，合理设置文字样式、标注样式和图层。

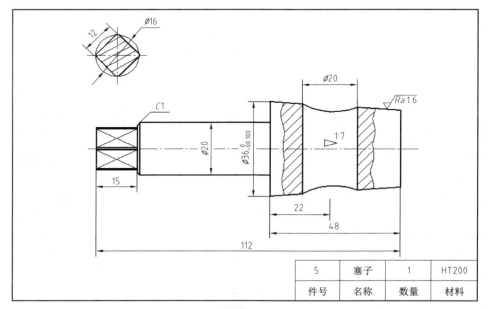

5	塞子	1	HT200
件号	名称	数量	材料

题图 5-1

2. 绘制题图 5-2 所示图形，合理设置文字样式、标注样式和图层。

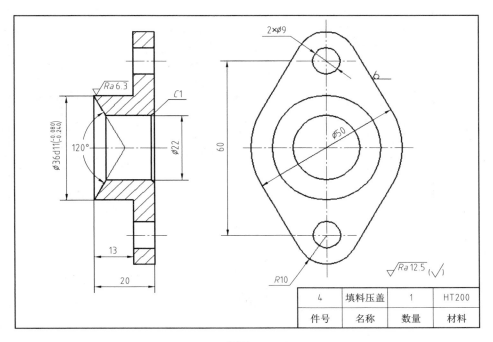

题图 5-2

3. 绘制题图 5-3 所示图形，合理设置图层、文字样式，以及尺寸标注样式。

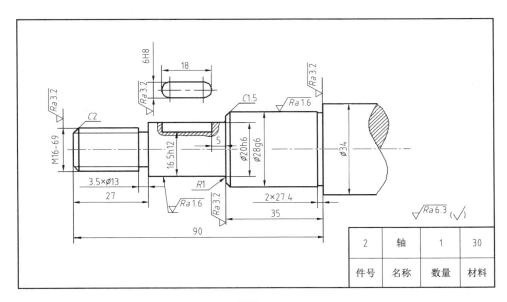

题图 5-3

4. 绘制题图 5-4 所示图形，合理设置文字样式、标注样式和图层。

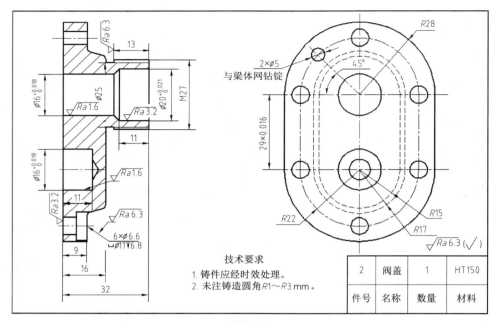

技术要求

1. 铸件应经时效处理。
2. 未注铸造圆角 R1～R3 mm。

2	阀盖	1	HT150
件号	名称	数量	材料

题图 5-4

项目六	三维绘图与尺寸标注

教学目标

本项目将介绍 AutoCAD 三维绘图的基本知识、三维图形的分类、建立用户坐标系的方法及在三维空间观察三维图形的方法。本项目将学习三维实体模型的建模方法和编辑方法。

学习重点

◇ 掌握三维模型的分类
◇ 建立用户坐标系的方法
◇ 三维显示控制的操作方法
◇ 学习创建和编辑三维实体命令的使用，掌握三维实体模型的建模方法和编辑方法

任务一 三维模型认知

根据三维模型构造方式的不同，三维几何模型可分为线框模型、表面模型和实体模型。这 3 类模型在计算机中存储的形式不同，所占用的磁盘空间也不同，下面分别介绍这 3 类模型的特点。

1. 线框模型

线框模型是一种轮廓模型，它是用线表达三维立体，即只含有线的信息，而不包含面和体的信息。因此，不能使用该模型进行消隐和着色，且当图形线条较多时，容易引起模糊理解，产生二义性。又由于其不含有体的数据，用户也不能进行"质量特性"的查询、不能进行布尔运算，因此在三维建模时不常用。但三维线框模型只有点、线的信息，所占磁盘空间较小，如图 6-1 所示。

2. 表面模型

表面模型是用物体的表面来表示物体的。表面模型不仅具有线的信息，还具有面的信息，因此可以消隐、着色、生成数控刀具的运动轨迹等。表面模型适合于构造复杂的曲面立体模型，如模具、汽车、建筑、家具的表面造型等。但表面模型没有体的信息，因此不能进行布尔运行，在 AutoCAD 中也很少使用。三维表面模型可转换为实体模型，三维表面模型如图 6-2 所示。

3. 实体模型

实体模型具有线、表面、体的全部信息。对于此类模型，既可以区分对象的内部及外

部，可以对它进行打孔、切槽和添加材料等布尔运算，也可以对实体装配进行干涉检查，分析模型的质量特性，如质心、体积和惯性矩。对于计算机辅助加工，用户还可以利用实体模型的数据生成数控加工代码，进行数控刀具轨迹仿真加工等。三维实体模型如图 6-3 所示。

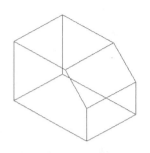
图 6-1　三维线框模型

图 6-2　三维表面模型

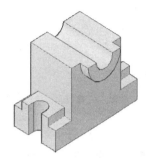
图 6-3　三维实体模型

任务二　坐标系认知

AutoCAD 2018 提供了两种坐标系：一是世界坐标系（WCS），主要用于绘制二维平面图形；二是用户坐标系（UCS），主要用于绘制三维立体图形。

1. 世界坐标系

AutoCAD 2018 自动设置的坐标系是世界坐标系，又称通用坐标系。在 WCS 中，坐标系的原点在屏幕的左下角，X 轴、Y 轴和 Z 轴的方向固定不变。由于世界坐标系是唯一的、固定不变的，如果是绘制二维平面图形，则可以在默认环境下绘制。但在绘制三维立体图形时，许多绘制图形命令在 XY 平面上绘制，因此，用户需要创建自己的坐标系，将坐标系调整为 XY 面为当前面。

2. 创建用户坐标系

1）任务

创建如图 6-4 所示的实体，并在其可见的 4 个表面上绘制正方形和圆。

2）知识点

通过创建此实体模型，学习用户坐标系的建立方法和长方体的创建方法。

3）图形分析

图 6-4 所示为一个倒去一个角的长方体，4 个可见面上有 1 个正方形、3 个圆，而绘制圆命令属于平面图形绘制命令，默认情况下在 XY 平面上绘制，因此需要进行坐标系的创建。

4）图形绘制

（1）调出"视图"工具栏，将视图方向调整到"东南等轴测方向"；然后调出"视觉样式"工具栏，将视觉样式设置为"三维线框视觉样式"。

（2）调用"长方体"命令：

◆ 选择下拉菜单：【绘图】/【实体】/【长方体】

◆ 单击"建模"工具栏中的按钮：

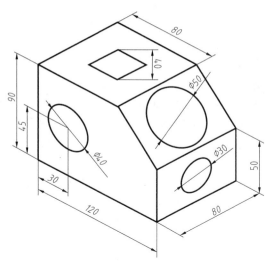

图 6-4　用户坐标系的创建

◆　在命令行输入命令：Box

命令：_box

指定第一个角点或 ［中心(C)］：　　　　　　　　　　//在屏幕任意一点单击鼠标左键

指定其他角点或 ［立方体(C)/长度(L)］:1

指定长度：<正交 开> 120

指定宽度:80

指定高度或 ［两点(2P)］:90

则绘制出长为 **120 mm**、宽为 **80 mm**、高为 **90 mm** 的长方体，如图 6-5 所示。

③ 切去长方体的一角，如图 6-6 所示。

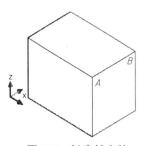

图 6-5　创建长方体

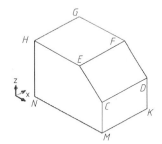

图 6-6　长方体倒角

二维平面图形的编辑命令大多数只能在 *XY* 平面上所使用，而"倒角""圆角"命令可应用于三维实体。长方体切去一个角，可以使用"倒角"命令来操作。

调用"倒角"命令：

命令：_chamfer

("修剪"模式) 当前倒角距离 1 = 0.0000,距离 2 = 0.0000

选择第一条直线或 ［放弃(U)/多段线(P)/距离(D)/角度(A)/修剪(T)/方式(E)/多个(M)］:

基面选择...　　　　　　　　　　　　　　　　　　//选择边 *AB*

输入曲面选择选项 [下一个(N)/当前(OK)] <当前(OK)>：   //回车

指定基面的倒角距离：40

指定其他曲面的倒角距离 <40.0000>：

选择边或 [环(L)]：选择边或 [环(L)]：   //选择边 AB

④ 绘制长方体上表面外接圆半径为 20 mm 的正方形。

a. 捕捉 *EF*、*GH*、*GF*、*HE* 边的中点，绘制辅助直线，如图 6-7（a）所示。

b. 绘制内接圆半径为 20 mm 的正方形，如图 6-7（b）所示。

命令：_polygon 输入边的数目 <4>：

指定正多边形的中心点或 [边(E)]：   //捕捉交点 O

输入选项 [内接于圆(I)/外切于圆(C)] <I>：   //回车

指定圆的半径：20

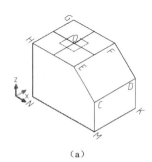
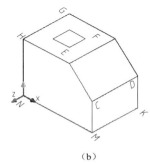

（a）   （b）

图 6-7   绘制正方形

（5）使用捕捉 3 点法建立用户坐标系，将坐标系调整到 *HNMCE* 平面上，绘制 ϕ40 mm 的圆，如图 6-8 所示。

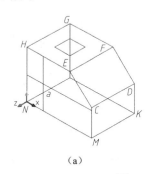
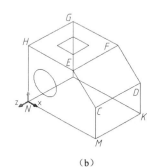

（a）   （b）

图 6-8   绘制 ϕ40 mm 的圆

① 调用"UCS"命令，创建用户坐标系。

命令：_ucs

当前 UCS 名称：*世界*

指定 UCS 的原点或 [面(F)/命名(NA)/对象(OB)/上一个(P)/视图(V)/世界(W)/X/Y/Z/Z 轴
    (ZA)] <世界>：_3   //使用三点法创建用户坐标系(虽然 AutoCAD 2012

                            版中未有三点命令,但是仍然默认该创建用户坐标系命令)

指定新原点 <0,0,0>:　　　　　　　　　　　　　　　　　//捕捉 N 点

在正 X 轴范围上指定点 <-58.3005,92.6181,-76.6941>:　　//捕捉 M 点

在 UCS XY 平面的正 Y 轴范围上指定点 <-59.3005,93.6181,-76.6941>:

　　　　　　　　　　　　　　　　　　　　　　　　　　//捕捉 H 点

②　绘制ϕ40 mm 的圆。

调用"复制边"命令：

◆　选择下拉菜单：【修改】/【实体编辑】/【复制边】

◆　单击"实体编辑"工具栏中的按钮：　　[　复制边]

◆　在命令行输入命令：Solidedit

命令:_solidedit

实体编辑自动检查: SOLIDCHECK=1

输入实体编辑选项 [面(F)/边(E)/体(B)/放弃(U)/退出(X)] <退出>:_edge

输入边编辑选项 [复制(C)/着色(L)/放弃(U)/退出(X)] <退出>:_copy

选择边或 [放弃(U)/删除(R)]:　　　　　　//选择边 NM

选择边或 [放弃(U)/删除(R)]:　　　　　　//回车

指定基点或位移:　　　　　　　　　　　　//捕捉边 NM 的中点

指定位移的第二点:@0,45

输入边编辑选项 [复制(C)/着色(L)/放弃(U)/退出(X)] <退出>: //回车

实体编辑自动检查: SOLIDCHECK=1

输入实体编辑选项 [面(F)/边(E)/体(B)/放弃(U)/退出(X)] <退出>: //回车

再次调用"复制边"命令（指定位移的第二点：@30，0），如图 6-8（a）所示。

③　调用"圆"命令，捕捉交点 a，绘制ϕ40 mm 的圆，如图 6-8（b）所示。

（6）使用绕坐标轴旋转坐标系的方法调整坐标系，绘制ϕ30 mm 的圆，如图 6-9 所示。

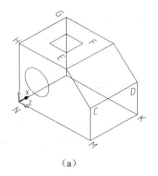
（a）

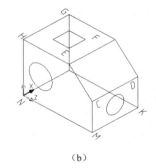
（b）

图 6-9　绘制ϕ30 mm 的圆

①　调用"UCS"命令，创建用户坐标系，如图 6-9（a）所示。

命令:ucs

当前 UCS 名称:*没有名称*

指定 UCS 的原点或 [面(F)/命名(NA)/对象(OB)/上一个(P)/视图(V)/世界(W)/X/Y/Z/Z 轴(ZA)] <世界>:y

指定绕 Y 轴的旋转角度 <90>:　　　　　　//回车

② 绘制 ϕ30 mm 的圆。捕捉 *MK*、*CD*、*DK*、*CM* 边的中点，绘制 ϕ30 mm 的圆，如图 6-9（b）所示。

（7）使用面捕捉方式将坐标系调整到长方体 *EFDC* 面上，绘制 ϕ50 mm 的圆，如图 6-10 所示。

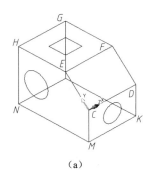 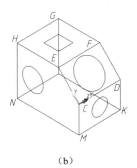

（a）   （b）

图 6-10   绘制 ϕ50 mm 的圆

① 调整坐标系。

命令:ucs

当前 UCS 名称:*没有名称*

指定 UCS 的原点或 [面(F)/命名(NA)/对象(OB)/上一个(P)/视图(V)/世界(W)/X/Y/Z/Z 轴(ZA)] <世界>:f

选择实体对象的面: //在面 *EFDC* 上单击,坐标系移动到该面上,如图 6-10(a)所示

输入选项 [下一个(N)/X 轴反向(X)/Y 轴反向(Y)] <接受>: //回车

② 绘制 ϕ50 mm 的圆，如图 6-10（b）所示。

3. 知识扩展

1）UCS 命令选项

在绘制三维图形时，有多种方法可创建用户坐标系，用户可根据需要和习惯灵活使用。这些方法都包含在 UCS 命令的命令选项中。

UCS 命令如下：

[新建(N)/移动(M)/正交(G)/上一个(P)/恢复(R)/保存(S)/删除(D)/应用(A)/?/世界(W)]

各选项功能如下：

（1）新建（N）：该选项可创建一个新的坐标系，创建坐标系的命令如下：

指定新 UCS 的原点或 [面/命名(NA)/对象(OB)/上一个(P)/视图/世界(W)/X/Y/Z/Z 轴(ZA)] <世界>

① 指定新 UCS 的原点：将原坐标系平移至指定原点处，新坐标系的坐标轴与原坐标系的坐标轴方向相同。

② Z 轴（ZA）：通过指定新坐标系的原点及 Z 轴正方向上的一点的方法来建立用户坐标系。

③ 对象（OB）：根据选定的三维对象定义新的坐标系。如果选择的是三维对象的棱边，则该棱边为坐标系的 X 轴，选择点到该棱边最近的端点为坐标原点，该端点与选择点的连线为 X 轴正方向。如果选择圆为对象，则圆的圆心成为新 UCS 的原点，X 轴通过

该选择点。

④ 面（F）：将 UCS 与实体对象的选定面对齐。在选择面的边界内或面的边上单击，被选中的面将亮显，UCS 的 X 轴将与找到的第一个面上最近的边对齐，选中的面为 XY 平面。如果亮显的面为想要的面，则可选择下一个，接着选择。

⑤ 视图（V）：以垂直于观察方向的平面为 XY 面，建立新的坐标系。UCS 原点保持不变。

⑥ X、Y、Z：将当前 UCS 绕 X 轴、Y 轴或 Z 轴旋转，默认角度为 90°，用户可指定轴与旋转角度。

（2）移动（M）：通过平移当前 UCS 的原点重新定义 UCS，但保留其 XY 平面的方向不变。

（3）正交（G）：指定 AutoCAD 提供的 6 个正交 UCS 之一。这些 UCS 设置通常用于查看和编辑三维模型。

（4）上一个（P）：恢复上一个 UCS。AutoCAD 自动保存的最后 10 个坐标系。重复"上一个"选项可返回上一个坐标系，这样用户可以查看或重新使用前面建立的坐标系。

（5）恢复（R）：恢复已保存的用户坐标系，使它成为当前的用户坐标系。

（6）保存（S）：把当前的坐标系（UCS）保存，并指定名称。

（7）删除（D）：删除已保存的坐标系（UCS）。

（8）应用（A）：其他视口保存有不同的 UCS 时，将当前的 UCS 设置应用到指定的视口或所有活动视口。

（9）?：列出用户定义坐标系的名称，并列出每个保持的 UCS 相对于当前 UCS 的原点以及 X、Y 和 Z 轴。

（10）世界（W）：将当前用户坐标系设置为世界坐标系。

2）UCS 命令中的三点

通过在屏幕上指定三个已知点来建立坐标系。如果选择的是三维对象的棱边，则该棱边为坐标系的 X 轴，选择点到该棱边最近的端点为坐标原点，该端点与选择点的连线为 X 轴正方向。如选择圆为对象，则圆的圆心成为新 UCS 的原点，X 轴通过该选择点。

3）"边编辑"命令

"边编辑"命令包括"复制边"和"着色边"选项，通过修改边的颜色或复制独立的边来编辑三维实体对象。复制三维边，所有三维实体边被复制为直线、圆弧、圆、椭圆或样条曲线。着色边用于更改边的颜色。

任务三 三维显示控制

绘制的三维对象，从不同的方向观察，给人的视觉效果不同，在创建和编辑三维对象时，有时需要实时观察方向，以便直观地观察到不同方向上的结构，因此 AutoCAD 2012 提供用户自己设置视点、常用视图方向和三维动态观察器等工具来从不同的方向观察三维对象。在观察三维模型时，为了使观察到的效果更加逼真，需要有不同的着色渲染效果，AutoCAD 2012 提供了 4 种视觉样式。

1. 三维视图与动态观察器

1）三维视图

在 AutoCAD 2012 中，通常使用标准的基本视图和轴测图来观察三维模型，也可以自定义视点观察三维模型。标准的基本视图分别是俯视图、仰视图、左视图、右视图、主视图和后视图，轴测图提供西南等轴测、东南等轴测、东北等轴测和西北等轴测 4 种，如图 6-11 所示。如果系统所给出的基本视图和轴测图方向不能满足观察需要，则可自定义视点。但这两种方式观察图形时烦琐且不直观，在对三维模型的观察没有特殊要求时，可以使用三维动态观察器。

俯视图　仰视图　左视图　右视图　主视图　后视图　西南等轴测视图　东南等轴测视图　东北等轴测视图　西北等轴测视图

图 6-11　"视图"工具栏

（1）任务。使用"视图"工具栏所提供的标准视图，观察如图 6-12 所示的三维实体。

（2）知识点。学习使用基本视图、轴测图、设置视点的方法观察三维图模型。

（3）操作。使用"视图"工具栏按钮观察模型。

① 单击"视图"工具栏上不同的视图方向按钮，观察视图变化，获得主视图、俯视图、左视图等轴测视图，如图 6-13 所示。

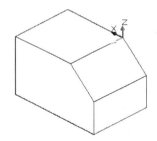

图 6-12　观察三维实体（东南轴测视图）

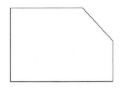 

图 6-13　观察三维图形

② 使用"视点"方式观察模型。

◆ 选择下拉菜单：【视图】/【三维视图】/【视点】

◆ 在命令行输入命令：Vpoint

命令：_vpoint

*** 切换至 WCS ***

当前视图方向：VIEWDIR=647.6739,-647.6739,647.6739

指定视点或 [旋转(R)] <显示指南针和三轴架>：

//显示图 6-14（a）所示的坐标球与三维坐标轴架

　　拖动鼠标使光标在坐标球范围内移动时，三轴架的 X、Y 轴绕着 Z 轴转动。三轴架转动的角度与光标所在坐标球上的位置对应。光标位于坐标球的不同位置，相应的视点也不同。

　　坐标球实际上是一个球体的二维表示，其中心点是北极（0，0，1），相当于视点位于 Z 轴正方向；内环为赤道（n，n，0）；当光标位于内环之内时，相当于视点在球体的上半球；当光标位于内环与外环之间时，相当于视点在球体的下半球。确定视点后回车，则 AutoCAD 按视点显示对象。图 6-14（b）所示为视点在图 6-14（a）时显示的图形视图。

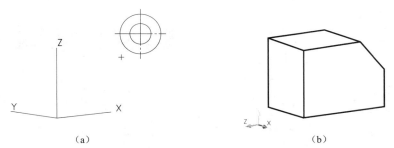

（a）　　　　　　　　　　　　　　　　　　　　（b）

图 6-14　坐标球与三轴架

2）动态观察器

调用"动态观察器"命令：

◆　选择下拉菜单：【视图】/【动态观察器】/【受约束的动态观察】

◆　单击"三维动态观察器"工具栏中的按钮：

◆　在命令行输入命令：**3DFOrbit**

命令：'_3DFOrbit

按"Esc"或"Enter"键退出，或者单击鼠标右键显示快捷菜单。

此时屏幕上显示图 6-15 所示的三维球，拖动鼠标，模型旋转，可从各个方向观察模型。

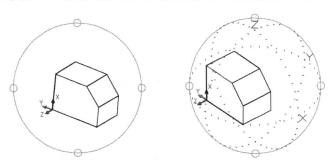

图 6-15　使用动态观察器观察模型

当光标移至大圆面积线圈内、外和 4 个控制点圆上时，会出现不同的光标形式：

①　光标位于观察球内时，拖动鼠标可旋转对象。

②　光标位于观察球外时，拖动鼠标可使对象绕通过观察球中心不同的光标形式。

③　光标位于观察球上、下小圆时，拖动鼠标可使视图绕通过观察球中心的水平轴旋转。

④　光标位于观察球左、右小圆时，拖动鼠标可使视图绕通过观察球中心的垂直轴

旋转。

按照提示单击鼠标右键，弹出快捷菜单，如图6-16所示。选择"形象化辅助工具"下的"指南针"，则显示空间球，如图6-15所示，这样更加形象化地显示出空间模型。

2．视觉样式

AutoCAD 提供如图6-17所示的4种视觉样式。

图 6-16　动态观察器快捷菜单

图 6-17　"视觉样式"工具栏

1）线框视觉样式

线框视觉样式是用表示边界的直线和曲线段显示对象，二维线框模式与三维线框模式显示模型时，所不同的是坐标轴显示不同，如图6-18所示。

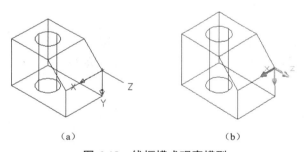

（a）　　　　　　　（b）

图 6-18　线框模式观察模型

（a）二维线框模式；（b）三维线框模式

2）三维隐藏视觉样式

三维隐藏视觉样式模型后面不可见的线被隐藏，如图6-19（a）所示。

3）真实视觉样式

真实视觉样式用许多着色的小平面来显示对象，着色平面不是很光滑，如图6-19（b）所示。

4）概念视觉样式

概念视觉样式显示较光滑，具有真实感，如图6-19（c）所示。

3．知识扩展

在"视图"菜单栏中还有一种视觉模式为消隐模式。该模式用三维线框显示对象，后面不可见的线被隐藏，如图 6-19（d）所示。

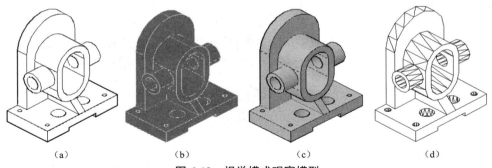

图 6-19　视觉模式观察模型

任务四　三维图形造型实例 1

1. 任务引入

建立新文件，完成以下操作：

1）设置绘图环境

创建"标注"图层，将其颜色设置为蓝色，线型为细实线，标注绘制在该层上。

2）绘制图形

根据图 6-20 所示中标注的尺寸精确绘图，绘图方法和图形编辑方法不限。

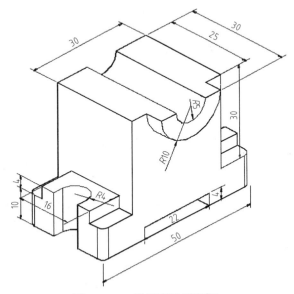

图 6-20　三维图形造型实例 1

3）尺寸标注

创建合适的标注样式，在"标注"图层标注尺寸。

完成后将图形存入自己的文件夹下，命名为"三维图形造型实例 1"。

2．知识点

面域、拉伸、长方体、差集、并集。

3．图形分析

如图 6-21 所示图形分 4 部分来完成。首先利用创建面域、拉伸的方法完成底座、凸台、主体、端台实体的创建，然后调用"移动""并集"命令，将 4 个实体合并。

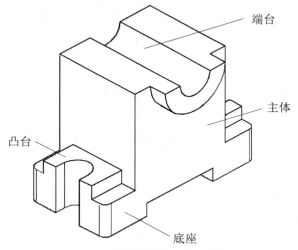

图 6-21　三维图形造型实例 1 图形分析

4．图形绘制

1）建立文件

新建图形文件，将视图方向调整到"东南等轴测"方向，视觉样式设置为"概念视觉样式"，调出"建模"工具栏和"实体编辑"工具栏。

2）建立图层

打开图 6-22 所示界面，建立图层。

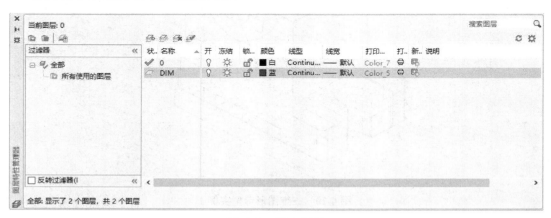

图 6-22　建立图层

3）绘制底板

（1）调用"矩形"命令，如图 6-23（a）所示。

命令:_rectang

指定第一个角点或 [倒角(C)/标高(E)/圆角(F)/厚度(T)/宽度(W)]:f

指定矩形的圆角半径 <0.0000>:2

指定第一个角点或 [倒角(C)/标高(E)/圆角(F)/厚度(T)/宽度(W)]:

               //在屏幕任意一处单击鼠标左键

指定另一个角点或 [面积(A)/尺寸(D)/旋转(R)]:@25,50 //回车

（2）调用"分解"命令，将绘制的矩形分解。

（3）调用"直线"命令，捕捉矩形 4 条边的中点，如图 6-23（b）所示。

（4）调用"偏移"命令，偏移距离为 3 mm，绘制半径为 4 mm 的小圆，如图 6-23（c）所示。

（5）调用"直线"命令，绘制如图 6-23（d）所示的图形；调用"修剪"命令，绘制如图 6-23（e）所示的图形。

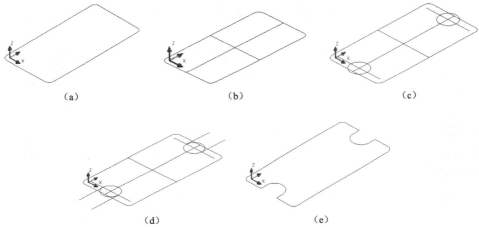

（a）   （b）   （c）

（d）   （e）

图 6-23 创建底板二维图形

（6）调用"面域"命令：

◆ 选择下拉菜单：【绘图】/【面域】

◆ 单击"绘图"工具栏中的按钮： ⬚

◆ 在命令行输入命令：Region

命令:_region

选择对象:指定对角点:找到 16 个   //选择如图 6-23(e)所示的所有对象

选择对象: //回车,如图 6-24(a)所示

已提取 1 个环。

已创建 1 个面域。

（7）调用"拉伸"命令，如图 6-24（b）所示。

◆ 选择下拉菜单：【绘图】/【建模】/【拉伸】

◆ 单击"建模"工具栏中的按钮： ⬚拉伸

◆ 在命令行输入命令：Extrude

命令:_extrude

当前线框密度：ISOLINES=4

选择要拉伸的对象:找到 1 个　　　　　　　//选择如图 6-24(a)所示的面域

选择要拉伸的对象：　　　　　　　　　　//回车

指定拉伸的高度或 [方向(D)/路径(P)/倾斜角(T)] <0.0000>:10

 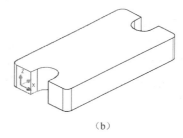

（a）　　　　　　　　　　（b）

图 6-24　创建底座实体

（8）调用"长方体"命令，如图 6-25（a）所示。

命令：_box

指定第一个角点或 [中心(C)]:　　　　　　//在屏幕空白处单击鼠标左键

指定其他角点或 [立方体(C)/长度(L)]: <正交 开1 > 1

指定长度:25

指定宽度:22

指定高度或 [两点(2P)] <10.0000>:4

（9）调用"移动"命令，捕捉直线 *CD* 中点移动到直线 *AB* 中点上，如图 6-25（b）所示。

（10）调用"差集"命令：

◆　选择下拉菜单：【修改】/【实体编辑】/【差集】

◆　单击"实体编辑"工具栏中的按钮：⊚

◆　在命令行输入命令：Subtract

命令：_subtract 选择要从中减去的实体、曲面和面域...

选择对象:找到 1 个　　　　　　　　//选择如图 6-24(b)所示创建的实体

选择对象：　　　　　　　　　　　//回车

选择要减去的实体、曲面和面域...

选择对象:找到 1 个　　　　　　　　//单击小长方体

选择对象：　　　　　　　　　　　//回车,如图 6-25(c)所示

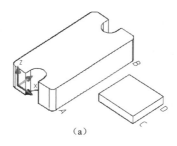 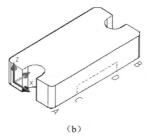

（a）　　　　（b）　　　　（c）

图 6-25　底板

4）绘制凸台

（1）调用"矩形"命令，绘制如图 6-26（a）所示的矩形。

命令:_rectang

当前矩形模式：圆角=2.0000

指定第一个角点或 [倒角(C)/标高(E)/圆角(F)/厚度(T)/宽度(W)]:f

指定矩形的圆角半径 <2.0000>:0

指定第一个角点或 [倒角(C)/标高(E)/圆角(F)/厚度(T)/宽度(W)]://在屏幕空白处单击鼠标左键

指定另一个角点或 [面积(A)/尺寸(D)/旋转(R)]:@16,50

（2）调用"分解"命令，将绘制的矩形分解。

（3）绘制辅助线。调用"直线"命令，捕捉矩形 4 条边的中点，如图 6-26（b）所示。

（4）调用"偏移"命令，偏移距离为 3 mm，绘制半径为 4 mm 的小圆，如图 6-26（c）所示。

（5）调用"直线"命令，绘制如图 6-26（d）所示的图形。

（6）调用"面域"命令，创建如图 6-26（e）所示的面域。

（7）调用"拉伸"命令，指定拉伸高度为 4 mm，创建如图 6-26（f）所示的实体。

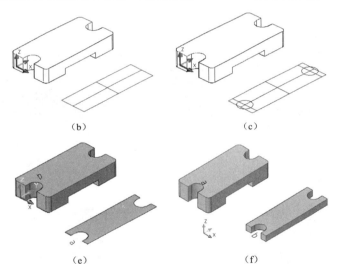

（a）　　　　　　　（b）　　　　　　　（c）

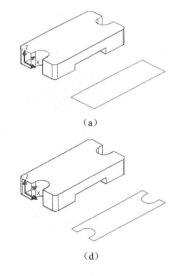

（d）　　　　　　　（e）　　　　　　　（f）

图 6-26　绘制凸台

（8）调用"移动"命令，将凸台移动到底座上，如图 6-27 所示。

5）绘制主体与端台

（1）调用"UCS"命令，创建用户坐标系，如图 6-28 所示。

命令:ucs

当前 UCS 名称:*没有名称*

指定 UCS 的原点或 [面(F)/命名(NA)/对象(OB)/上一个(P)/视图(V)/世界(W)/X/Y/Z/Z 轴(ZA)] <世界>:3

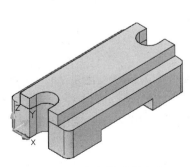

图 6-27　凸台移动到底座

指定新原点 <0,0,0>:   //捕捉 A 点

在正 X 轴范围上指定点 <13.7720,12.6953,-10.0000>: //捕捉 B 点

在 UCS XY 平面的正 Y 轴范围上指定点<11.7721,12.6829,-10.0000>://捕捉 C 点

（2）调用"矩形"命令，绘制如图 6-28（a）所示图形（指定另一个角点或［面积（A）/尺寸（D）/旋转（R）]：@30，30）；接着调用"圆"命令，绘制半径为 10 mm 的圆，如图 6-28（b）所示。

（3）调用"修剪"命令，将图 6-28（b）进行修剪；接着调用"面域"命令，创建图 6-28（c）所示的面域。

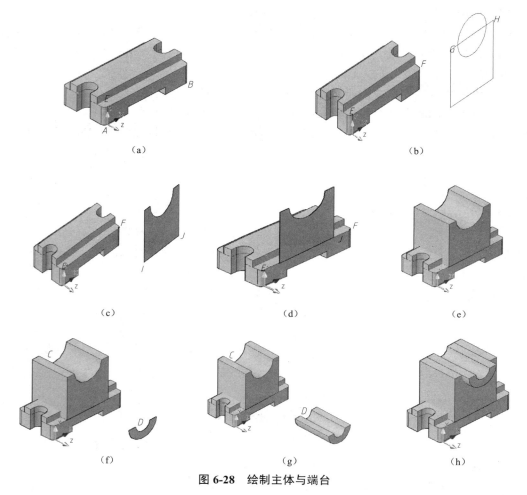

图 6-28　绘制主体与端台

（4）调用"移动"命令，将图 6-28（c）所示的面域移动到底座上，如图 6-28（d）所示。

（5）调用"拉伸"命令，指定拉伸高度为-25 mm，创建如图 6-28（e）所示的实体。

（6）调用"圆"命令，绘制半径为 10 mm、5 mm 的圆，并进行修剪；接着调用"面域"命令，创建如图 6-28（f）所示的面域。

（7）调用"拉伸"命令，指定拉伸高度为 30 mm，创建如图 6-28（g）所示的实体。

（8）调用"移动"命令，绘制如图 6-28（h）所示的图形。

6）合并实体

调用"并集"命令，合并实体，如图6-29所示。

◆ 选择下拉菜单：【修改】/【实体编辑】/【并集】

◆ 单击"实体编辑"工具栏中的按钮： ⊙⊙

◆ 在命令行输入命令：Union

命令:_union

选择对象:指定对角点:找到 4 个   //选择如图6-28(h)所示的所有
实体

选择对象: //回车

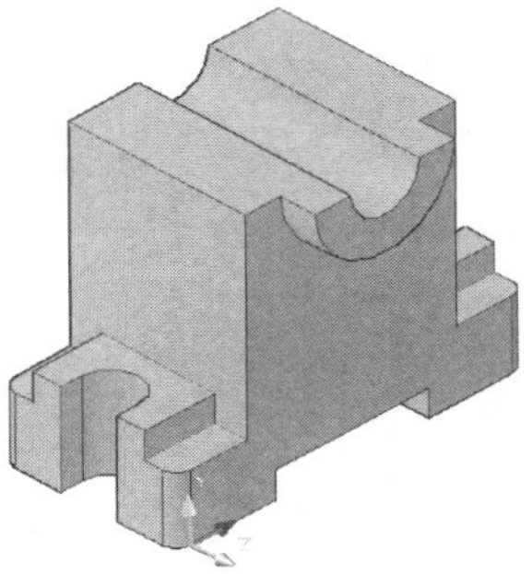

图6-29 合并实体

5. 尺寸标注

1）创建文字样式

同项目五任务一：尺寸标注-3.5。

2）创建标注样式

三维图形造型实例1，参数设置同项目五任务三。

3）标注过程

将视觉样式调整为"三维隐藏视觉样式"，调出"标注"工具栏。

（1）调用"线性标注"命令，完成如图6-30（a）所示的标注。

（2）完成如图6-30（b）所示的标注：

① 调用"UCS"命令，使用捕捉面的方式创建用户坐标系，如图6-30（b）所示。

② 调用"半径标注"命令，完成如图6-30（b）中的标注。

（3）完成如图6-30（c）所示的标注：

① 调用"UCS"命令，创建如图6-30（c）所示的用户坐标系。

② 调用"线性标注"命令，完成如图6-30（c）中的标注。

（4）完成图6-30（d）所示的标注：

① 调用"UCS"命令，使用3点法捕捉3点创建用户坐标系，如图6-30（d）所示。

② 调用"线性标注""连续标注"命令，完成图6-30（d）中的标注。

（5）完成图6-30（e）所示的标注：

① 调用"UCS"命令，使用3点法捕捉3点创建用户坐标系，如图6-30（e）所示。

② 调用"线性标注""半径标注"命令，完成图6-30（e）中的标注。

6. 知识扩展

1）"长方体"命令

使用"长方体"命令创建长方体时，X轴方向表示长度，Y轴方向表示宽度，Z轴方向表示高度。在创建实体模型时，可以指定一个角点定位，也可以指定长方体中心点定位；然后给出长方体的长度、宽度和高度值确定长方体的大小。

2）"环"命令

◆ 选择下拉菜单：【绘图】/【建模】/【圆环】

◆ 单击"建模"工具栏中的按钮： ◎

◆ 在命令行输入命令：Torus

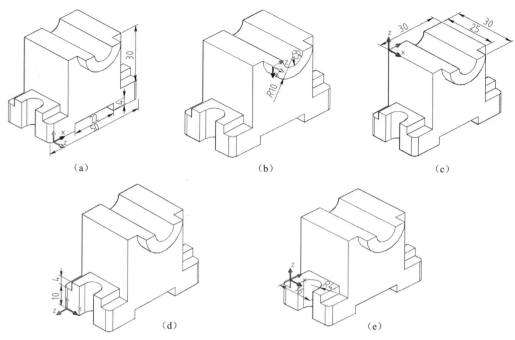

图 6-30　尺寸标注

命令: _torus

指定中心点或 [三点(3P)/两点(2P)/切点、切点、半径(T)] : //在屏幕空白处单击鼠标

指定半径或 [直径(D)] <60.0000>:60

指定圆管半径或 [两点(2P)/直径(D)] <55.0000>:5　　//回车,如图 6-31(a)所示

在绘制环时，如果给定环的半径大于圆管的半径，则绘制的是正常的环。如果给定环的半径为负值，并且圆管半径大于环半径的绝对值，则绘制的是橄榄形。如调用"环"命令绘制如图 6-31（b）所示的橄榄球。

命令: _torus

指定中心点或 [三点(3P)/两点(2P)/切点、切点、半径(T)]: //在屏幕空白处单击鼠标左键

指定半径或 [直径(D)] <60.0000>:-60

指定圆管半径或 [两点(2P)/直径(D)] <5.0000>:120

则绘制出如图 6-31（b）所示的实体。

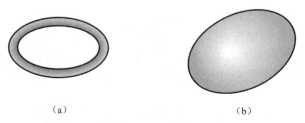

图 6-31　环命令

3）线框密度

ISOLINES 是一个系统变量，在不同的实体着色模式下显示实体，尤其是在以二维线

框、三维线框模式下显示实体时，给出不同的线框密度值，显示的实体立体感越强，如图6-32所示。但线框密度越大，占用内存和磁盘的空间就越大。

命令:isolines

输入 ISOLINES 的新值 <4>:8

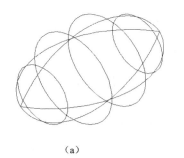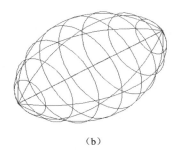

（a）　　　　　　　　　　　　　　　（b）

图 6-32　线框密度

（a）Isolines=4；（b）Isolines=8

4）布尔运算

在 AutoCAD 中，可以通过并集、差集和交集等布尔运算，创建复杂的三维实体。

（1）并集运算。并集运算是将多个实体合成一个新的实体。

（2）差集运算。差集运算是从第一选择集的对象中减去第二个选择集中的对象，然后创建一个新的实体。

（3）交集运算。交集运算是通过两个或多个实体的交集创建复合实体并删除交集以外的部分。

5）"拉伸"命令

可以拉伸的对象有圆、椭圆、正多边形、用"矩形"命令绘制的矩形、封闭的样条曲线、封闭的多段线和面域等。

在拉伸对象时，可以按给定的高度拉伸，也可以选择命令选项"路径（P）"，按给定路径拉伸。

按给定高度拉伸对象，当指定拉伸高度值为正时，沿 Z 轴正方向拉伸；当给定高度值为负时，沿 Z 轴负方向拉伸。

当按给定路径拉伸时，可以作为路径的对象有直线、圆、椭圆、圆弧、椭圆弧、多段线、样条曲线等。路径与截面不能在同一平面内，二者一般分别在两个相互垂直的平面内。

拉伸对象时可以给定拉伸角度，拉伸的倾斜角度为–90°～+90°。当给定角度为正值时，外表面向内缩，内表面向外扩；角度值为负时，则与之相反。

6）面域

面域是使用形成闭合环的对象创建的二维闭合区域。环可以是直线、多段线、圆、圆弧、椭圆、椭圆弧和样条曲线的组合。组成环的对象必须是闭合或通过与其他对象共享端点而形成闭合的区域。

面域可用于应用填充和着色以及提取设计信息（如质心）或图形信息（如面域），也可用于创建由拉伸或旋转方法生成实体时的截面。面域可以进行布尔运算，以创建复杂的新面域。

任务五　三维图形造型实例 2

1．任务引入

建立新文件，完成以下操作：

1）设置绘图环境

创建"标注"图层，将其颜色设置为蓝色，线型为细实线，"标注"绘制在该层上。

2）绘制图形

根据图上注释的尺寸精确绘图，绘图方法和图形编辑方法不限。

3）尺寸标注

创建合适的标注样式，在"标注"图层标注图形，如图 6-33 所示。

完成后将图形存入自己的文件夹下，命名为"三维图形造型实例 2"。

2．知识点

压印、拉伸面、三维镜像、三维对齐。

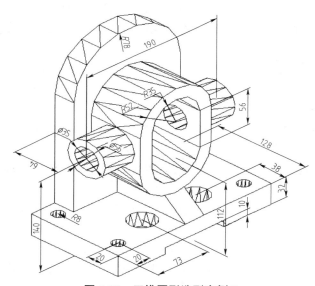

图 6-33　三维图形造型实例 2

3．图形分析

如图 6-34 所示实体分 5 部分，利用创建实体、压印、创建面域、拉伸面域、布尔运算，完成实体的创建。

4．图形绘制

1）建立文件

新建图形文件，将视图方向调整到"东南等轴测"方向，在视图下拉菜单中选择"消隐"，调出"建模"工具栏和"实体编辑"工具栏。

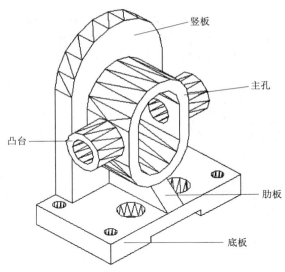

竖板

主孔

凸台

肋板

底板

图 6-34　三维图形造型实例 2 图形分析

2）建立图层

打开如图 6-35 所示界面，建立图层。

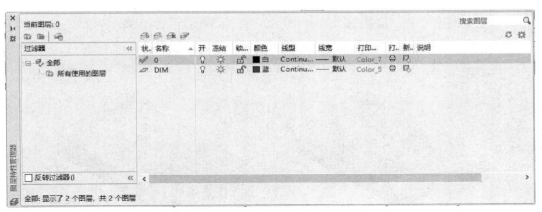

图 6-35　建立图层

3）绘制底板

（1）绘制底板部分，如图 6-36 所示。

① 调用"长方体"命令：

命令：_box

指定第一个角点或 [中心(C)]：　　　　　　　　//在屏幕空白处单击鼠标左键

指定其他角点或 [立方体(C)/长度(L)]:l

指定长度：<正交 开> 128　　　　　　　//X轴方向长 128 mm

指定宽度:224　　　　　　　　　//Y轴方向宽 224 mm

指定高度或 [两点(2P)] <0>:32　　　　//Z轴方向高 32 mm

② 调用"复制边"命令，复制边 *AB*、*BC*，绘制如图 6-36（b）所示图形。

③ 调用"圆"命令，捕捉交点，绘制 ϕ35 mm、R8 mm 的圆，如图 6-36（c）所示。

④ 调用"镜像"命令，绘制如图 6-36（d）所示的图形。

⑤ 调用"压印"命令，绘制如图 6-36（e）所示的图形。

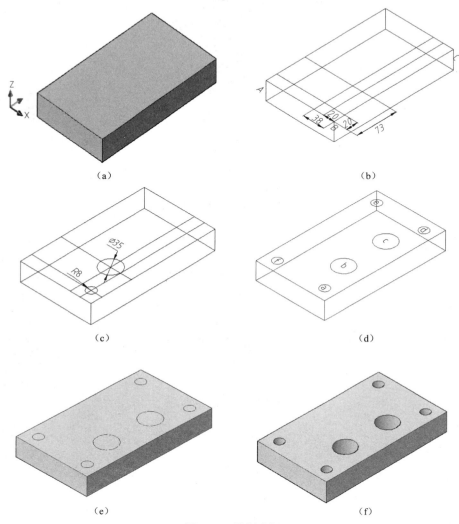

图 6-36　绘制底板

◆ 选择下拉菜单：【修改】/【实体编辑】/【压印】

◆ 单击"实体编辑"工具栏中的按钮：

◆ 在命令行输入命令：Imprint

命令：_imprint

选择三维实体或曲面：　　　　　　　　　//选择长方体

选择要压印的对象：　　　　　　　　　　//单击圆 a

是否删除源对象 [是(Y)/否(N)] <N>:y

选择要压印的对象：　　　　　　　　　　//单击圆 b

是否删除源对象 ［是(Y)/否(N)］ <Y>:y

选择要压印的对象：   //单击圆 *c*

是否删除源对象 ［是(Y)/否(N)］ <Y>:y

选择要压印的对象：   //单击圆 *d*

是否删除源对象 ［是(Y)/否(N)］ <Y>:y

选择要压印的对象：   //单击圆 *e*

是否删除源对象 ［是(Y)/否(N)］ <Y>:y

选择要压印的对象：   //单击圆 *f*

是否删除源对象 ［是(Y)/否(N)］ <Y>:y

选择要压印的对象：   //回车

⑥ 调用"拉伸面"命令，完成底座的绘制，如图 6-36（f）所示。

◆ 选择下拉菜单：【修改】/【实体编辑】/【拉伸面】

◆ 单击"实体编辑"工具栏中的按钮：

◆ 在命令行输入命令：Solidedit

命令：_solidedit

实体编辑自动检查：SOLIDCHECK=1

输入实体编辑选项 ［面(F)/边(E)/体(B)/放弃(U)/退出(X)］ <退出>:_face

输入面编辑选项

［拉伸(E)/移动(M)/旋转(R)/偏移(O)/倾斜(T)/删除(D)/复制(C)/颜色(L)/材质(A)/放弃(U)/退出(X)］ <退出>:_extrude

选择面或 ［放弃(U)/删除(R)］:找到一个面。   //在圆 *a* 内单击

选择面或 ［放弃(U)/删除(R)/全部(ALL)］:找到一个面。   //在圆 *b* 内单击

选择面或 ［放弃(U)/删除(R)/全部(ALL)］:找到一个面。   //在圆 *c* 内单击

选择面或 ［放弃(U)/删除(R)/全部(ALL)］:找到一个面。   //在圆 *d* 内单击

选择面或 ［放弃(U)/删除(R)/全部(ALL)］:找到一个面。   //在圆 *e* 内单击

选择面或 ［放弃(U)/删除(R)/全部(ALL)］:找到一个面。   //在圆 *f* 内单击

选择面或 ［放弃(U)/删除(R)/全部(ALL)］:   //回车

指定拉伸高度或 ［路径(P)］:-32

指定拉伸的倾斜角度 <0>:

已开始实体校验。

已完成实体校验。

输入面编辑选项

［拉伸(E)/移动(M)/旋转(R)/偏移(O)/倾斜(T)/删除(D)/复制(C)/颜色(L)/材质(A)/放弃(U)/退出(X)］ <退出>:   //回车

实体编辑自动检查：SOLIDCHECK=1

输入实体编辑选项 ［面(F)/边(E)/体(B)/放弃(U)/退出(X)］ <退出>: //回车

（2）完成底板实体的创建，如图 6-37（a）所示。

① 调用"长方体"命令：

命令：_box

指定第一个角点或 ［中心(C)］:   //在屏幕任意处单击鼠标左键

指定其他角点或 [立方体(C)/长度(L)]:l

指定长度：<正交 开> 128

指定宽度:86

指定高度或 [两点(2P)] <32.0000>:10　　　　　　　　　　//回车

② 调用"移动"命令，捕捉边 CD 的中点，开启正交功能，将小长方体移动到大实体上，目标点位于边 AB 的中点，如图 6-37（b）所示。

③ 调用"差集"命令，减去小长方体，如图 6-37（c）所示。

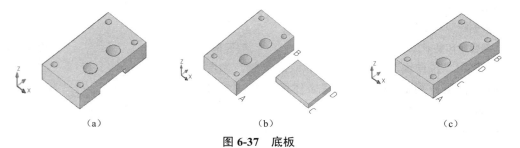

(a)　　　　　　　　(b)　　　　　　　　(c)

图 6-37　底板

4）绘制竖板

（1）调用"UCS"命令，创建用户坐标系，如图 6-38 所示。

命令:ucs

当前 UCS 名称:*没有名称*

指定 UCS 的原点或 [面(F)/命名(NA)/对象(OB)/上一个(P)/视图(V)/世界(W)/X/Y/Z/Z 轴(ZA)] <世界>:3

指定新原点 <0,0,0>:　　　　　　　　　　//捕捉 A 点

在正 X 轴范围上指定点 <1.0000,0.0000,0.0000>:　　　　//捕捉 B 点

在 UCS XY 平面的正 Y 轴范围上指定点 <0.0000,1.0000,0.0000>://捕捉 C 点

（2）竖板实体创建。

① 调用"矩形"命令（指定另一个角点或 [面积（A）/尺寸（D）/旋转（R）]：@156，168）；调用"偏移"命令，偏移距离为 108 mm、28 mm；调用"圆"命令，绘制半径为 35 mm 的圆，如图 6-39（a）所示。

② 调用"直线""修剪"命令，绘制如图 6-39（b）所示的图形。

③ 调用"面域"命令，绘制如图 6-39（c）所示的图形。

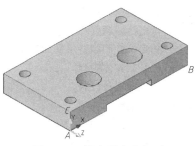

图 6-38　创建用户坐标系

命令:_region

选择对象:指定对角点:找到 8 个　　　　　//选择如图 6-39(b)中的图形

选择对象:　　　　　　　　　　//回车

④ 调用"差集"命令，绘制如图 6-39（d）所示的图形。

命令:_subtract 选择要从中减去的实体、曲面和面域...

选择对象:找到 1 个　　　　　　//选择如图 6-39(c)所示的大面域

6

选择对象：　　　　　　　　　　　　　　//回车

选择要减去的实体、曲面和面域...

选择对象：找到 1 个　　　　　　　　　　//选择的小面域

选择对象：　　　　　　　　　　　　　　//回车

⑤ 调用"拉伸"命令，指定拉伸高度为 28 mm，得到如图 6-39（e）所示的图形。

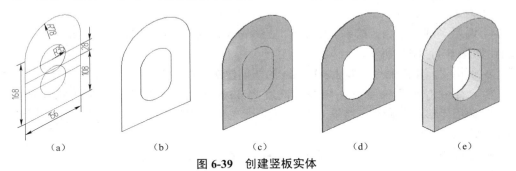

（a）　　　　（b）　　　　（c）　　　　（d）　　　　（e）

图 6-39　创建竖板实体

5）绘制主孔与凸台

（1）绘制主孔。

① 调用"圆""直线"命令，绘制半径为 35 mm、52 mm 的圆，如图 6-40（a）所示。

② 调用"面域"命令，创建如图 6-40（b）所示的两个面域。

③ 调用"差集"命令，创建如图 6-40（c）所示的面域。

④ 调用"拉伸"命令，指定拉伸高度为 72 mm，得到如图 6-40（d）所示的图形。

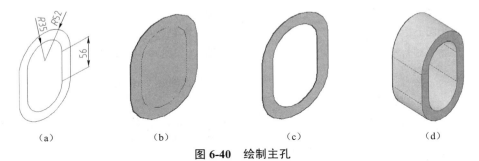

（a）　　　　（b）　　　　（c）　　　　（d）

图 6-40　绘制主孔

（2）绘制凸台。

① 调用"UCS"命令，使用三点法（捕捉如图 6-41（a）所示的 a、b、c 三点）创建用户坐标系。

② 调用"圆柱体"命令：

命令：_cylinder

指定底面的中心点或 [三点(3P)/两点(2P)/切点、切点、半径(T)/椭圆(E)]：

　　　　　　　　　　　　　　　　　　　//捕捉辅助线的中点

指定底面半径或 [直径(D)] :17.5000

指定高度或 [两点(2P)/轴端点(A)] <0.0000>:-104　　　//如图 6-41(b) 所示

③ 调用"差集"命令，减去圆柱体，得到如图 6-41（c）所示的图形。

命令:_subtract 选择要从中减去的实体、曲面和面域...

选择对象:找到 1 个   //选择主体

选择对象: //回车

选择要减去的实体、曲面和面域...

选择对象:找到 1 个   //选择圆柱体

选择对象: //回车

④ 调用"圆"命令，绘制 ϕ35 mm、ϕ56 mm 的圆，将 ϕ35 mm、ϕ56 mm 的圆创建为面域，如图 6-41（d）所示。

⑤ 调用"差集"命令，减去 ϕ35 mm 的圆创建的面域，创建如图 6-41（e）所示的面域。

⑥ 调用"拉伸"命令，指定拉伸高度为 43 mm，得到如图 6-41（f）所示的图形。

⑦ 调用"移动"命令，将图 6-41（f）所示的实体移动到图 6-41（g）所示的图形。

⑧ 调用"三维镜像"命令：

◆ 选择下拉菜单：【修改】/【三维操作】/【三维镜像】

◆ 在命令行输入命令：Mirror3d

命令:_mirror3d

选择对象:找到 1 个   //单击图 6-41(f)中的实体

选择对象: //回车

指定镜像平面 (三点) 的第一个点或

[对象(O)/最近的(L)/Z 轴(Z)/视图(V)/XY 平面(XY)/YZ 平面(YZ)/ZX 平面(ZX)/三点(3)]

<三点>:   //捕捉象限点 a

在镜像平面上指定第二点: //捕捉象限点 b

在镜像平面上指定第三点: //捕捉象限点 c

是否删除源对象?[是(Y)/否(N)] <否>:   //回车,如图 6-41(h)所示

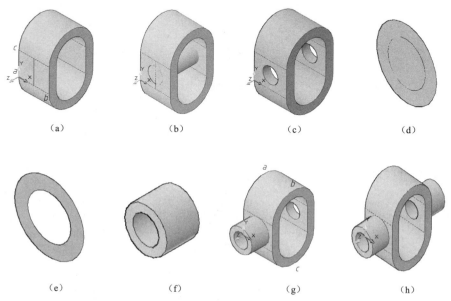

（a）   （b）   （c）   （d）

（e）   （f）   （g）   （h）

图 6-41　绘制凸台

6）绘制肋板

（1）调用"UCS"命令，将坐标调整为世界坐标系，如图 6-42 所示。

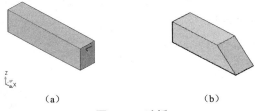

（a）　　　　　　　　　　　　　（b）

图 6-42　肋板

（2）调用"长方体"命令。

命令：_box

指定第一个角点或 [中心(C)]：

指定其他角点或 [立方体(C)/长度(L)]：l　　　//在屏幕空白处单击鼠标左键

指定长度 <128.0000>：<正交 开> 100

指定宽度 <86.0000>:28

指定高度或 [两点(2P)] <43.0000>:30　　　//如图 6-42(a)所示

（3）调用"倒角"命令，切去长方体的一角，如图 6-42（b）所示。

命令：CHAMFER

("修剪"模式) 当前倒角距离 1 = 30.0000,距离 2 = 30.0000

选择第一条直线或 [放弃(U)/多段线(P)/距离(D)/角度(A)/修剪(T)/方式(E)/多个(M)]：

基面选择...　　　　　　　　　　　//选择边 L

输入曲面选择选项 [下一个(N)/当前(OK)] <当前(OK)>：

指定基面的倒角距离 <30.0000>：

指定其他曲面的倒角距离 <30.0000>：

选择边或 [环(L)]:选择边或 [环(L)]：　　//选择边 L

7）合并实体

（1）调用"三维对齐"命令：

◆　选择下拉菜单：【修改】/【三维操作】/【三维对齐】

◆　单击"建模"工具栏中的按钮：

◆　在命令行输入命令：3dalign

命令：_3dalign

选择对象:找到 1 个　　　　　　　　//选择支承板实体

选择对象：　　　　　　　　　　　//回车

指定源平面和方向 ...

指定基点或 [复制(C)]：　　　　　　//捕捉中点1

指定第二个点或 [继续(C)] <C>：　　//捕捉端点2

指定第三个点或 [继续(C)] <C>：　　//捕捉端点3

指定目标平面和方向 ...

指定第一个目标点：　　　　　　　　//捕捉中点1

指定第二个目标点或 [退出(X)] <X>：　　　　//捕捉端点 2

指定第三个目标点或 [退出(X)] <X>：　　　　//捕捉端点 3

（2）再次调用"三维对齐"命令，将肋板、轴承实体对齐；然后调用"并集"命令，将 6 个实体并为一体，如图 6-43 所示。

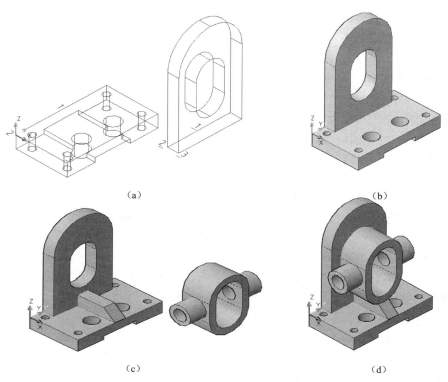

（a）　　　　　　　　　　　（b）

（c）　　　　　　　　　　　（d）

图 6-43　合并实体

5. 尺寸标注

1）创建文字样式

同项目五任务一。

2）创建标注样式

三维图形造型实例 2 的参数设置同项目五任务三，需要修改的参数如下：

打开"标注样式管理器"，单击"文字"选项卡，打开"文字"页标签。在"文字对齐"选项组的选项中，选择"ISO 标准"。

3）标注过程

调出"标注"工具栏：

① 利用当前坐标系，调用"线性标注""半径标注""直径标注"命令，完成如图 6-44（a）所示的尺寸标注。

② 调用"UCS"命令，创建用户坐标系：

```
命令:ucs
```

当前 UCS 名称:*没有名称*

指定 UCS 的原点或 [面(F)/命名(NA)/对象(OB)/上一个(P)/视图(V)/世界(W)/X/Y/Z/Z 轴 (ZA)] <世界>:3

指定新原点 <0,0,0>:   //捕捉如图 6-44(b)所示的 a 点

在正 X 轴范围上指定点 <129.0000,1307.5952,-32.0000>:

//捕捉如图 6-44(b)所示的 b 点

在 UCS XY 平面的正 Y 轴范围上指定点 <127.0000,1307.5952,-32.0000>:

//捕捉如图 6-44(b)所示的 c 点

完成如图 6-44（c）所示的尺寸标注。

③ 调用"UCS"命令，使用三点法创建用户坐标系；然后调用"直径标注"命令，完成如图 6-44（d）所示的尺寸标注。

④ 调用"UCS"命令（指定绕 X 轴的旋转–90°），创建用户坐标系；调用"线性标注"命令，完成如图 6-44（e）所示的尺寸标注。

⑤ 调用"UCS"命令（指定绕 Y 轴的旋转角度 90°），创建用户坐标系；然后调用"线性标注"命令，完成如图 6-44（f）所示的尺寸标注。

⑥ 调用"UCS"命令（指定绕 X 轴的旋转–90°），创建用户坐标系；然后调用"线性标注"命令，完成如图 6-44（g）所示的尺寸标注。

⑦ 调用"UCS"命令，使用三点法创建用户坐标系；然后调用"线性标注"命令，完成如图 6-44（h）所示的尺寸标注。

⑧ 调用"UCS"命令，使用三点法创建用户坐标系；然后调用"半径标注""线性标注"命令，完成如图 6-44（i）所示的尺寸标注。

⑨ 调用"UCS"命令，使用三点法创建用户坐标系；然后调用"半径标注"命令，完成如图 6-44（j）所示的尺寸标注。

⑩ 调用"UCS"命令，使用三点法创建用户坐标系；然后调用"线性标注"命令，完成如图 6-44（k）所示的尺寸标注。

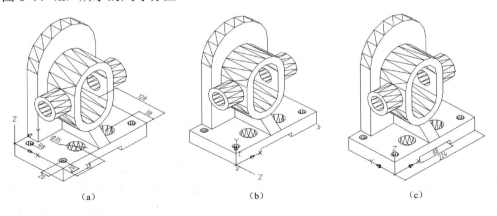

(a)　　　　　　　　(b)　　　　　　　　(c)

图 6-44　尺寸标注

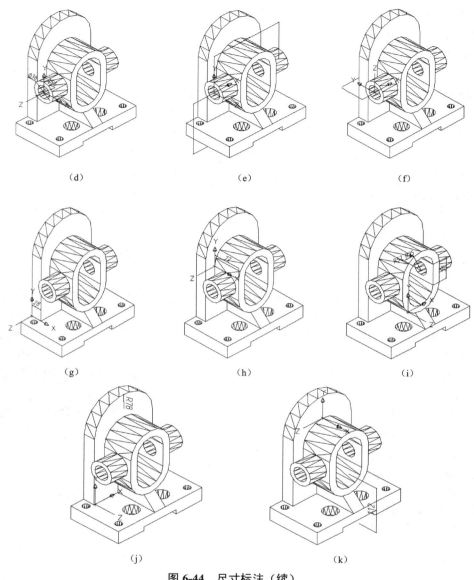

（d）　　　　　　　（e）　　　　　　　（f）

（g）　　　　　　　（h）　　　　　　　（i）

（j）　　　　　　　（k）

图 6-44　尺寸标注（续）

6. 知识扩展

1）"拉伸面"命令

"拉伸面"命令只能拉伸实体上的表面，使用方法同"拉伸"命令。

2）压印

通过压印圆弧、圆、直线、二维和三维多段线、椭圆、样条曲线、面域和三维实体来创建三维实体的新面。可以删除原始压印对象，也可以保留原始对象，以供将来编辑使用。压印对象必须与选定实体上的面相交，这样才能压印成功。压印的线条已经与实体对象合成一个对象，若想去除压印的痕迹，只能使用"清除"命令而不能使用"删除"命令。

3）"清除"命令

"清除"命令用于删除所有多余的边和顶点、压印的以及不使用的几何图形。

◆ 选择下拉菜单：【修改】/【实体编辑】/【清除】

◆ 单击"实体编辑"工具栏中的按钮：

4）"三维镜像"命令

与"平面镜像"命令一样，"三维镜像"命令是沿镜像面创建实体对象的镜像实体。

其命令选项如下：

（1）三点：三点是默认的选项，通过指定不在同一直线上的三点确定一个镜像平面。

（2）对象：以平面对象所在的平面为镜像平面来镜像对象。

（3）Z 轴：根据平面上的一个点和平面法线上的一个点来定义镜像平面。

（4）XY/YZ/ZX：将镜像平面与一个通过指定点的标准平面（*XY*、*YZ* 或 *ZX*）对齐。

5）"三维对齐"命令

当选择三对点时，选定对象可在三维空间移动和旋转，使之与其他对象对齐，并且第一个源点移动到第一个目标点的位置，第二个源点移动到第一、第二个目标点的连线上，第三个源点移动到第三个目标点决定的平面上。

任务六 三维图形造型实例 3

1. 任务引入

建立新文件，完成以下操作：

1）设置绘图环境

创建"标注"图层，将其颜色设置为蓝色，线型为细实线，"标注"绘制在该层上。

2）绘制图形

根据图 6-45 所示标注的尺寸精确绘图，绘图方法和图形编辑方法不限。

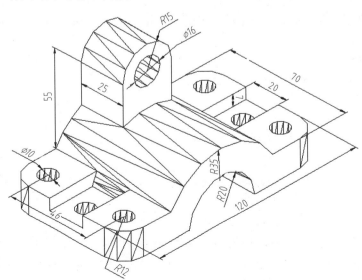

图 6-45 三维图形造型实例 3

3）尺寸标注

创建合适的标注样式，在"标注"图层标注图形。

完成后将图形存入自己的文件夹下，命名为"三维图形造型实例3"。

2. 知识点

三维镜像、差集、并集、长方体、拉伸。

3. 图形分析

如图 6-46 所示实体分为 3 部分创建，利用创建面域、布尔运算、拉伸、三维镜像命令，完成实体创建。

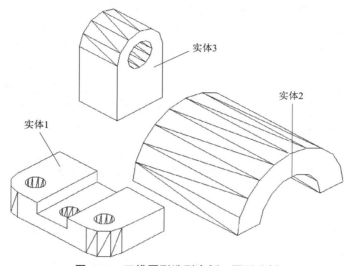

图 6-46　三维图形造型实例 3 图形分析

4. 图形绘制

1）新建文件

将视图调整到"东南等轴测方向"，在视图下拉菜单中选择"消隐"，调出"建模""实体编辑"等工具栏。

2）新建图层

打开如图 6-47 所示界面，建立图层。

3）绘图过程

（1）创建实体 1。

① 调用"矩形"命令，绘制矩形，如图 6-48（a）所示。

命令:_rectang

指定第一个角点或 [倒角(C)/标高(E)/圆角(F)/厚度(T)/宽度(W)]: //在屏幕任意处单击鼠标左键

指定另一个角点或 [面积(A)/尺寸(D)/旋转(R)]:@70,40 　　　　　　//回车

② 调用"圆角"命令，指定圆角半径为 12 mm；调用"分解"命令，将矩形分解；捕捉两边中点，绘制辅助线 *AB*；调用"偏移"命令，偏移距离为 12 mm；捕捉交点，绘制半径为 5 mm 的圆，如图 6-48（b）所示。

图 6-47　建立图层

③ 将多余的线段删除，调用"面域"命令，创建面域，如图 6-48（c）所示。

命令：_region

选择对象:指定对角点:找到 9 个　　　　　　　　　　//选择所有对象

选择对象:　　　　　　　　　　　　　　　　　　　　//选择完成,回车

已提取 4 个环

已创建 4 个面域

④ 调用"差集"命令，得出面域，如图 6-48（d）所示。

命令：_subtract 选择要从中减去的实体、曲面和面域...

选择对象:找到 1 个

选择对象:选择要减去的实体、曲面和面域...　　　　//选择大面域,回车

选择对象:找到 1 个　　　　　　　　　　　　　　　//单击小圆 b 创建的面域

选择对象:找到 1 个,总计 2 个　　　　　　　　　　//单击小圆 c 创建的面域

选择对象:指定对角点:找到 1 个,总计 3 个　　　　　//单击小圆 d 创建的面域

选择对象:　　　　　　　　　　　　　　　　　　　　//回车

⑤ 调用"拉伸"命令，指定拉伸高度为 16 mm，如图 6-48（e）所示。

⑥ 调用"长方体"命令，开启正交功能，绘制 X 轴方向长度为 20 mm、Y 轴方向宽度为 40 mm、Z 轴方向高度为 7 mm 的长方体，如图 6-48（f）所示。

⑦ 调用"三维移动"命令，捕捉中点 a 作为基点，捕捉中点 b 作为目标点，将小长方体移动到大实体上，如图 6-48（g）所示。

⑧ 调用"差集"命令，减去小长方体，得到如图 6-48（h）所示的图形。

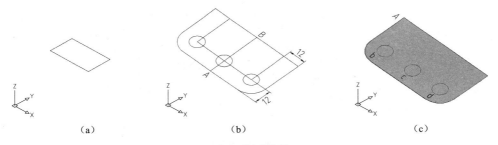

（a）　　　　　　　　　　　（b）　　　　　　　　　　　（c）

图 6-48　创建实体 1

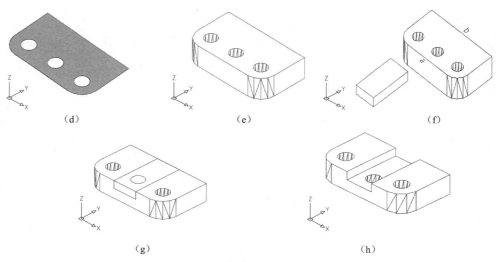

图 6-48　创建实体 1（续）

（2）创建实体 2。

① 调用"UCS"命令，捕捉面 B，创建新的用户坐标系，如图 6-49（a）所示。

② 调用"圆"命令，绘制半径为 20 mm 和 35 mm 的圆；调用"直线""修剪"命令，将图形修剪为如图 6-49（b）所示的图形。

③ 调用"面域"命令，将如图 6-49（c）所示的图形创建为面域。

④ 调用"拉伸"命令，将所创建的面域拉伸为实体，指定拉伸高度为 70 mm，如图 6-49（d）所示。

⑤ 调用"移动"命令，捕捉端点 1 作为基点、端点 2 作为目标点，移动小实体，如图 6-49（e）所示。

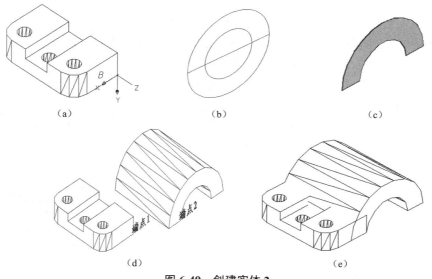

图 6-49　创建实体 2

（3）镜像实体 1。

① 调用"UCS"命令，捕捉面，创建新的用户坐标系，如图 6-50（a）所示。

② 调用"镜像"命令。

命令:_mirror

选择对象:找到 1 个　　　　　　　　　//选择左边实体

选择对象:　　　　　　　　　　　　　//回车

指定镜像线的第一点:　　　　　　　　//捕捉圆心 1

指定镜像线的第二点:　　　　　　　　//捕捉圆心 2

要删除源对象吗?[是(Y)/否(N)] <N>:　//回车,如图 6-50(b)所示

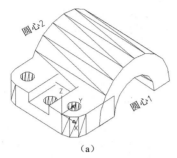 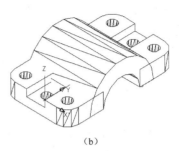

（a）　　　　　　　　　　　　　　（b）

图 6-50　镜像实体 1

（4）创建实体 3。

① 调用"UCS"命令，捕捉面，创建新的用户坐标系，如图 6-51（a）所示。

② 调用"矩形"命令，指定另一个角点或［面积（A）/尺寸（D）/旋转（R）］：@30，35）。

③ 调用"圆"命令，绘制半径分别为 15 mm 和 8 mm 的圆，如图 6-51（b）所示。

④ 调用"修剪""面域"命令，创建如图 6-51（c）所示的两个面域。

⑤ 调用"差集"命令：

命令:_subtract 选择要从中减去的实体、曲面和面域...

选择对象:指定对角点:找到 1 个　　　　//选择大面域 A

选择对象:选择要减去的实体、曲面和面域...

选择对象:找到 1 个　　　　　　　　　//选择小圆创建的面域 b

选择对象:　　　　　　　　　　　　　//回车,如图 6-51(d)所示

⑤ 调用"拉伸"命令，指定拉伸高度为 25 mm，如图 6-51（e）所示。

⑥ 调整视图方向为"西北等轴测方向"，调用"移动"命令，如图 6-51（f）所示。

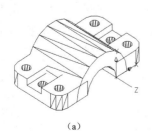  

（a）　　　　　　　　　（b）　　　　　　　　　（c）

图 6-51　创建实体 3

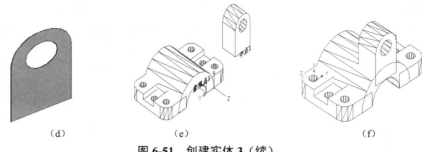

（d）　　　　　　　　　　（e）　　　　　　　　　　（f）

图 6-51　创建实体 3（续）

（5）合并实体。

① 将视图方向调整为"东南等轴测方向"，如图 6-52（a）所示。

② 调用"并集"命令，将 4 个实体并为一体，如图 6-52（b）所示。

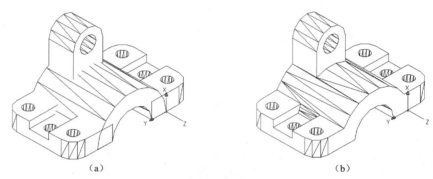

（a）　　　　　　　　　　　　　　　　　（b）

图 6-52　合并实体

5. 尺寸标注

1）创建文字样式

同项目五任务一。

2）创建标注样式

三维图形造型实例 2 的参数设置同项目五任务三，需要修改的参数如下：

打开"标注样式管理器"，单击"文字"选项卡，打开"文字"页标签，在"文字对齐"选项组的选项中选择"ISO 标准"。

3）标注过程

调出"标注"工具栏：

① 调用"UCS"命令，使用三点法［捕捉图 6-53（a）所示的 a、b、c 三点］创建用户坐标系。调用"半径标注""线性标注"命令，完成如图 6-53（b）所示的尺寸标注。

② 调用"UCS"命令，使用三点法［捕捉图 6-54（a）所示的 a、b、c 三点］创建用户坐标系。调用"直径标注""半径标注""线性标注"命令，完成如图 6-54（b）所示的尺寸标注。

③ 调用"UCS"命令，使用三点法［捕捉图 6-55（a）所示的 a、b、c 三点］创建用户坐标系。调用"半径标注""直径标注"命令，完成如图 6-55（b）所示的尺寸标注。

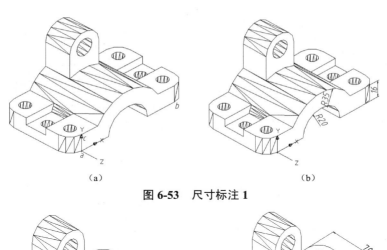

图 6-53　尺寸标注 1

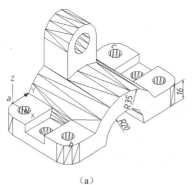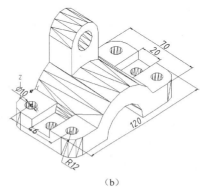

图 6-54　尺寸标注 2

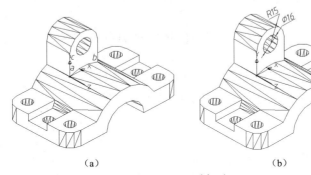

图 6-55　尺寸标注 3

④ 调用"UCS"命令，使用三点法［捕捉图 6-56（a）所示的 a、b、c 三点］创建用户坐标系。调用"线性标注"命令，完成如图 6-56（b）所示的尺寸标注。

⑤ 调用"UCS"命令，使用捕捉面方式创建用户坐标系，如图 6-57（a）所示。调用"线性标注"命令，完成如图 6-57（b）所示的尺寸标注。

6. 知识扩展

1）"剖切"命令

（1）剖切位置。

① 对象（O）：可以选择一个平面对象作为剖切面。

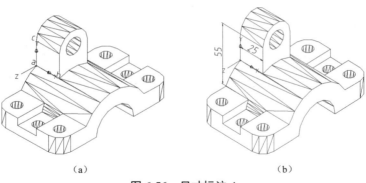

图 6-56　尺寸标注 4

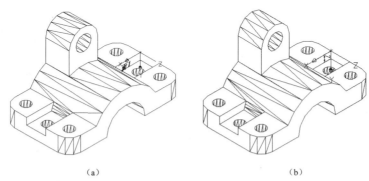

图 6-57　尺寸标注 5

② Z 轴（Z）：通过平面上指定一点和在平面的 Z 轴（法向）上指定另一点来定义剪切平面。

③ 视图（V）：将剪切平面与当前视口的视图平面对齐。指定一点定义剪切平面的位置。

④ XY 平面（XY）/YZ 平面（YZ）/ZX 平面（ZX）：将剪切平面与当前用户坐标系（UCS）的 XY（YZ、ZX）平面对齐。指定一点定义剪切平面的位置。

⑤ 三点（3）：用三点定义剪切平面。

（2）剖切保留部分。

① 在要保留的一侧指定点。定义一点从而确定图形将保留剖切实体的那一侧。该点不能位于剪切平面上。

② 保留两侧。剖切实体的两侧均保留。把单个实体剖切为两块，从而在平面的两边各创建一个实体。

2）"截面"命令

使用"截面"命令确定剖切位置时的命令选项与"剖切"命令的命令选项相同。

3）"偏移面"命令

"偏移面"命令按指定的距离或通过指定的点，将面均匀地偏移。当距离为正值时，增大实体尺寸或体积；当距离为负值时，减小实体尺寸或体积。

4）"旋转面"命令

"旋转面"命令绕指定的轴旋转一个或多个面或实体的某些部分。

"旋转面"命令如下：

指定轴点或［经过对象的轴(A)/视图(V)/X 轴(X)/Y 轴(Y)/Z 轴(Z)］<两点>：

① 轴点，两点：使用两个点来定义旋转轴。

② 经过对象的轴：将旋转轴与现有对象对齐。可选择作为旋转对象的轴有：

直线：将旋转轴与选定直线对齐。

圆：将旋转轴与圆的三维轴对齐（此轴垂直于圆所在的平面且通过圆心）。

圆弧：将旋转轴与圆弧的三维轴对齐（此轴垂直于圆弧所在的平面且通过圆弧圆心）。

椭圆：将旋转轴与椭圆的三维轴对齐（此轴垂直于椭圆所在的平面且通过椭圆中心）。

二维多段线：将旋转轴与由多段线的起点和端点构成的二维轴对齐。

三维多段线：将旋转轴与由多段线的起点和端点构成的三维轴对齐。

样条曲线：将旋转轴与由样条曲线的起点和端点构成的三维轴对齐。

③ X 轴、Y 轴、Z 轴：将旋转轴与通过选定点的轴（X、Y 或 Z 轴）对齐。

5）"复制面"命令

"复制面"命令用于将实体的面复制为新的图形对象，该图形对象为面域体。

6）"倾斜面"命令

"倾斜面"命令按一个角度进行倾斜，所倾斜的面可以是平面，也可以是曲面，一次可以选择一个面，也可以选择多个面。倾斜角度的旋转方向由选择基点和第二点（沿选定矢量）的顺序决定。指定倾斜角为–90°～+90°，给定的角度值为正值时实体的体积减小，角度值为负值时则实体的体积增大。

任务七　三维图形造型实例 4

1. 任务引入

建立新文件，完成以下操作：

1）绘制图形

绘制如图 6-58 所示图形，图形的大小尺寸不限，编辑方法不限。

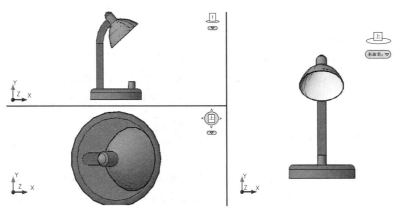

图 6-58　三维图形造型实例 4

2）调整显示

调整视口并缩放平移图形显示。

完成后将图形存入自己的文件夹下，命名为"三维图形造型实例 4"。

2. 知识点

着色面、抽壳、旋转、视口。

3. 图形分析

图 6-59 所示实体为一台灯，共分为 4 部分：底座部分利用"圆"以及"拉伸""圆角"命令完成，开关按钮部分利用"圆""拉伸"命令完成，支承架部分利用"选定拉伸路径"完成，灯头部分利用"旋转面域""抽壳"命令等完成。

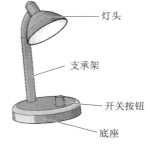

灯头
支承架
开关按钮
底座

图 6-59　三维图形造型实例 4 图形分析

4. 图形绘制

1）新建文件

将视图调整到"东南等轴测方向"，选择"概念视觉样式"，调出"建模""实体编辑"等工具栏。

2）绘制底座

（1）调用"圆"命令，指定圆半径为 80 mm，如图 6-60（a）所示。

（2）调用"拉伸"命令。

命令:_extrude

当前线框密度:ISOLINES=4

选择要拉伸的对象:找到 1 个　　　　　　　//选择圆

选择要拉伸的对象:　　　　　　　　　　　//回车

指定拉伸的高度或 [方向(D)/路径(P)/倾斜角(T)]:t

指定拉伸的倾斜角度:1

指定拉伸的高度或 [方向(D)/路径(P)/倾斜角(T)]:30.0000

完成的图形如图 6-60（b）所示。

（3）调用"圆角"命令。

命令:_fillet

当前设置:模式 = 修剪,半径 = 0.0000

选择第一个对象或 [放弃(U)/多段线(P)/半径(R)/修剪(T)/多个(M)]:

　　　　　　　　　　　　　　　　//单击圆柱体上表面的 ac 边

输入圆角半径:10.0000　　　　　　　　//指定圆角半径为 10 mm

选择边或 [链(C)/半径(R)]:　　　　　　//回车

已选定 1 个边用于圆角，如图 6-60（c）所示。

3）绘制开关按钮

（1）调用"直线"命令，捕捉象限点，绘制辅助线；调用"偏移"命令，给定偏移距离为 50 mm；调用"圆"命令，捕捉交点，给定圆半径为 10 mm，如图 6-61（a）所示。

（2）调用"拉伸"命令，如图 6-61（b）所示。

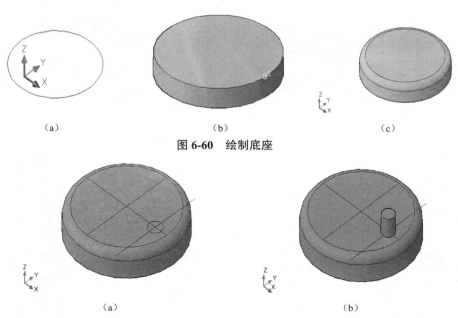

（a）　　　　　　　　　　（b）　　　　　　　　　　（c）

图 6-60　绘制底座

（a）　　　　　　　　　　　　　　　　　（b）

图 6-61　绘制开关按钮

命令:_extrude

当前线框密度: ISOLINES=4

选择要拉伸的对象:找到 1 个　　　　　　　　　　//选择半径为 10 mm 的小圆

选择要拉伸的对象:　　　　　　　　　　　　　　　//回车

指定拉伸的高度或 [方向(D)/路径(P)/倾斜角(T)]:t　//输入命令 T,回车

指定拉伸的倾斜角度:2　　　　　　　　　　　　　//指定拉伸倾斜角度 2°,回车

指定拉伸的高度或 [方向(D)/路径(P)/倾斜角(T)]:22.0000　//回车

4）绘制支承架

（1）调用"偏移"命令，指定偏移距离为 50 mm；接着调用"圆"命令，捕捉交点，指定圆半径为 10 mm，如图 6-62（a）所示。

（2）调用"UCS"命令，将坐标轴绕 X 轴旋转 90°，如图 6-62（b）所示。

（3）调用"直线"命令，开启正交功能，绘制长 160 mm 的直线；调用"圆"命令，绘制 ϕ160 mm 的圆；调用"直线"命令，绘制角度为 50° 的直线。如图 6-62（c）所示。

（4）调用"修剪"命令，绘制如图 6-62（d）所示的图形。

（5）调用"多段线"命令，将图 6-62（d）所示的图形转化为多段线，并合并，如图 6-62（e）所示。

◆　选择下拉菜单：【修改】/【对象】/【多段线】

◆　在命令行输入命令：Pedit

命令: PEDIT 选择多段线或 [多条(M)]:m

选择对象:指定对角点:找到 2 个　　　　　　　　//选择直线 A、圆弧 B

选择对象:　　　　　　　　　　　　　　　　　　//回车

是否将直线、圆弧和样条曲线转换为多段线?[是(Y)/否(N)]? <Y>　　//回车

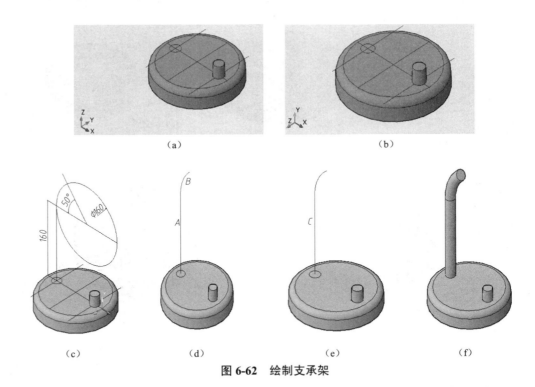

图 6-62　绘制支承架

输入选项 [闭合(C)/打开(O)/合并(J)/宽度(W)/拟合(F)/样条曲线(S)/非曲线化(D)/线型生成(L)/反转(R)/放弃(U)]:j

合并类型 = 延伸

输入模糊距离或 [合并类型(J)] <0.0000>:　　　　　//回车

多段线已增加 1 条线段

输入选项 [闭合(C)/打开(O)/合并(J)/宽度(W)/拟合(F)/样条曲线(S)/非曲线化(D)/线型生成(L)/反转(R)/放弃(U)]:　　　　　　　　　　//回车

（6）调用"拉伸"命令，如图 6-62（f）所示。

命令:_extrude

当前线框密度: ISOLINES=4

选择要拉伸的对象:找到 1 个　　　　　　　　　//选择半径为 10 mm 的小圆

选择要拉伸的对象:　　　　　　　　　　　　//回车

指定拉伸的高度或 [方向(D)/路径(P)/倾斜角(T)]:p　//回车

选择拉伸路径或 [倾斜角(T)]:　　　　　　　　//回车

5）绘制灯头

（1）调用"直线和圆弧"命令，绘制如图 6-63（a）所示的图形。

（2）调用"修剪"命令，修剪图形，如图 6-63（b）所示。

（3）调用"面域"命令，创建面域，如图 6-63（c）所示。

（4）调用"旋转"命令，创建如图 6-63（d）所示实体。

◆　选择下拉菜单:【绘图】/【建模】/【旋转】

◆　单击"建模"工具栏中的按钮:

◆ 在命令行输入命令：Revolve

命令：_revolve

当前线框密度：ISOLINES=4

选择要旋转的对象:找到 1 个　　　　　　　　　//选择如图 6-63(c) 所示创建的面域

选择要旋转的对象：　　　　　　　　　　　//回车

指定轴起点或根据以下选项之一定义轴 [对象(O)/X/Y/Z] <对象>://捕捉点 A

指定轴端点：　　　　　　　　　　　　　//捕捉点 B

指定旋转角度或 [起点角度(ST)] <360>：　　　　　　　　//回车

（5）使用动态观察器，将台灯稍微倾斜，调用"抽壳"命令，如图 6-63（e）所示。

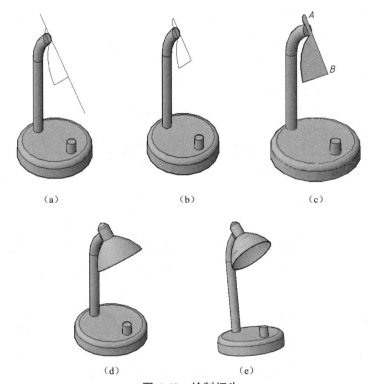

（a）　　　　　　　　　　（b）　　　　　　　　　　（c）

（d）　　　　　　　　（e）

图 6-63　绘制灯头

◆ 选择下拉菜单：【修改】/【实体编辑】/【抽壳】

◆ 单击"实体编辑"工具栏中的按钮：

◆ 在命令行输入命令：Solidedit

命令：_solidedit

实体编辑自动检查：SOLIDCHECK=1

输入实体编辑选项 [面(F)/边(E)/体(B)/放弃(U)/退出(X)] <退出>:_body

输入体编辑选项

[压印(I)/分割实体(P)/抽壳(S)/清除(L)/检查(C)/放弃(U)/退出(X)] <退出>:_shell

选择三维实体：　　　　　　　　　　//选择灯头的内表面

删除面或 [放弃(U)/添加(A)/全部(ALL)]:找到一个面,已删除 1 个

删除面或 [放弃(U)/添加(A)/全部(ALL)]:

输入抽壳偏移距离:1

已开始实体校验。

已完成实体校验。

输入实体编辑选项[压印(I)/分割实体(P)/抽壳(S)/清除(L)/检查(C)/放弃(U)/退出(X)]<退出>:

　　实体编辑自动检查: SOLIDCHECK=1

输入实体编辑选项 [面(F)/边(E)/体(B)/放弃(U)/退出(X)] <退出>:

（6）调用"并集"命令，将底座、支承架、开关按钮、灯头合并。

（7）对台灯着色，如图 6-64 所示。

调用"着色面"命令：

◆ 选择下拉菜单：【修改】/【实体编辑】/【着色面】

◆ 单击"实体编辑"工具栏中的按钮：

◆ 在命令行输入命令：Solidedit

（8）调整显示：调整视口并缩放平移图形显示，如图 6-65 所示。

① 调用"视口"命令。

◆ 选择下拉菜单：【视图】/【视口】/【三个视口】

◆ 在命令行输入命令：Vports

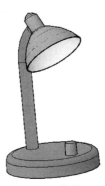

图 6-64　着色面

命令:_-vports

输入选项 [保存(S)/恢复(R)/删除(D)/合并(J)/单一(SI)/?/2/3/4] <3>:_3

输入配置选项 [水平(H)/垂直(V)/上(A)/下(B)/左(L)/右(R)] <右>: //回车

② 调整各视口中的视图方向，将左上角视图调整为"前视"、左下角视图调整为"俯视"、右边视图调整为"右视"，并缩放各视口中的图形，如图 6-65 所示。

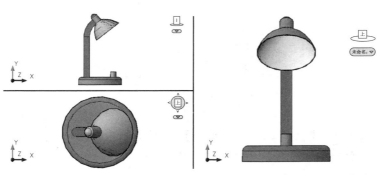

图 6-65　调整视口并缩放平移图形显示

5．知识扩展

1）"移动面"命令

"移动面"命令可沿指定的高度或距离移动选定的三维实体对象的面，一次可以选择多个面。用户指定的两点定义位移矢量，此矢量指示选定面的移动距离和移动方向，通常以相对坐标的形式给出移动的距离和方向。此外，也可给出距离值，则沿选择面的法线方向移动选择面，给定正值，则实体的体积增加；给定负值，则体积减小。

2）"删除面"命令

运用"删除面"命令可删除的面有圆角和倒角形成的面及其他一些表面，这些表面被删除后应有实体的"料"对其进行填充。

3）"着色面"命令

"着色面"命令是"实体面编辑"命令组中的一项，在该项完成操作后，系统会再次提示其他面编辑的命令选项，只有按"Esc"键才能结束该命令。

4）"旋转"命令

三维实体的"旋转"命令是用于创建三维实体的基本方法，可以用于旋转的对象与"拉伸"命令所选择的对象相同。

下面介绍"旋转"命令的命令选项：

（1）定义轴。

① 可以选择捕捉两个端点指定旋转轴，旋转轴方向由先捕捉点指向后捕捉点。

② 对象（O）：选择一条已有的直线作为旋转轴。

③ X轴（X）或Y轴（Y）：选择X或Y轴旋转。

（2）旋转轴方向。

① 捕捉两个端点指定旋转轴时，旋转轴方向由先捕捉点指向后捕捉点。

② 选择已知直线为旋转轴时，旋转轴的方向由直线距离坐标原点近的一端指向远的一端。

（3）旋转方向。旋转角度正向符合右手螺旋法则，即用右手握住旋转曲线，大拇指指向旋转轴正向，四指指向旋转角度方向，旋转角度为0°～360°。

5）"抽壳"命令

抽壳是指按指定的厚度创建一个空的薄层，可以为所有面指定一个固定的薄层厚度。通过选择面可以将这些面排除在壳外。一个三维实体只能有一个壳。AutoCAD 2018将现有的面偏移出它们原来的位置来创建新面，如果指定正值由实体外向实体内开始抽壳，则指定负值由实体内开始向外抽壳。

任务八　三维图形造型实例5

1. 任务引入

建立新文件，完成以下操作：

1）绘制图形

绘制如图6-66所示图形，图形的大小尺寸和编辑方法不限。

2）调整显示：调整视口并缩放平移图形显示。

完成后将图形存入自己的文件夹下，命名为"三维图形造型实例5"。

2. 知识点

圆柱体、拉伸、三维阵列、旋转。

3. 图形分析

如图6-67所示图形采用"绘制多边形""拉伸"命令绘制底部；调用"圆柱体和三维阵列"命令完成桌椅、柱子的绘制；调用"旋转"命令完成顶部的绘制。

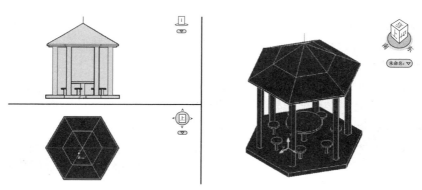

图 6-66　三维图形造型实例 5

4. 图形绘制

1）新建文件

将视图调整到"东南等轴测方向"，选择"概念视觉样式"，调出"建模""实体编辑"等工具栏。

2）绘制底部

（1）调用"多边形"命令，绘制如图 6-68（a）所示图形。

命令:_polygon 输入边的数目 <4>:6

指定正多边形的中心点或 [边(E)]:　　　　　//在屏幕空白处单击鼠标左键

输入选项 [内接于圆(I)/外切于圆(C)] <I>://回车

指定圆的半径:600

（2）调用"拉伸"命令，指定拉伸距离为 50，如图 6-68（b）所示。

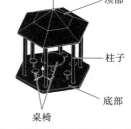

图 6-67　三维图形造型实例 5 图形分析

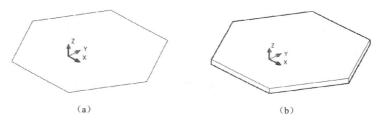

(a)　　　　　　　　　　　　　　(b)

图 6-68　创建底部实体

3）绘制桌椅

（1）绘制桌子，如图 6-69 所示。

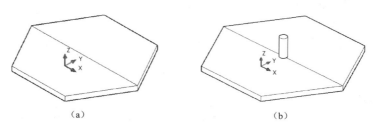

(a)　　　　　　　　　　　　　　(b)

图 6-69　绘制桌子

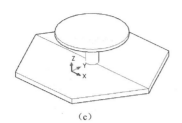
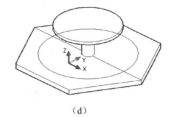

（c）　　　　　　　　　　（d）

图 6-69　绘制桌子（续）

① 调用"直线"命令，绘制对角线。

② 调用"圆柱体"命令。

命令:_cylinder

指定底面的中心点或 [三点(3P)/两点(2P)/切点、切点、半径(T)/椭圆(E)]:

指定底面半径或 [直径(D)]:30

指定高度或 [两点(2P)/轴端点(A)]:200

③ 调用"圆柱体"命令。

命令:_cylinder

指定底面的中心点或 [三点(3P)/两点(2P)/切点、切点、半径(T)/椭圆(E)]:

指定底面半径或 [直径(D)]:180

指定高度或 [两点(2P)/轴端点(A)]:20

（2）绘制椅子，如图 6-70 所示。

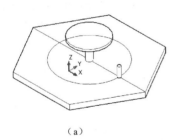
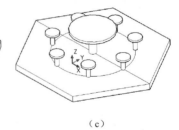

（a）　　　　　　　　　　（b）　　　　　　　　　　（c）

图 6-70　绘制椅子

① 调用"圆"命令。

命令:_circle

指定圆的圆心或 [三点(3P)/两点(2P)/切点、切点、半径(T)]:

指定圆的半径或 [直径(D)] <400.0000>:320

② 捕捉交点，调用"圆柱体"命令。

命令:_cylinder

指定底面的中心点或 [三点(3P)/两点(2P)/切点、切点、半径(T)/椭圆(E)]:

指定底面半径或 [直径(D)] :15

指定高度或 [两点(2P)/轴端点(A)]:100

③ 调用"圆柱体"命令。

命令:_cylinder

指定底面的中心点或 [三点(3P)/两点(2P)/切点、切点、半径(T)/椭圆(E)]:

指定底面半径或 [直径(D)]:55

指定高度或 [两点(2P)/轴端点(A)]:15

④ 调用"三维阵列"命令。

◆ 选择下拉菜单：【修改】/【三维操作】/【三维阵列】

◆ 单击"建模"工具栏中的按钮：

◆ 在命令行输入命令：3darray

命令:_3darray

选择对象:找到 2 个　　　　　　　　　　　　//选择椅子的两个实体

选择对象:　　　　　　　　　　　　　　　　//回车

输入阵列类型 [矩形(R)/环形(P)] <矩形>:p

输入阵列中的项目数目:7

指定要填充的角度 (+=逆时针，-=顺时针) <360>://回车

旋转阵列对象？[是(Y)/否(N)] <Y>:　　　　//回车

指定阵列的中心点:　　　　　　　　　　　　//捕捉大圆圆心

指定旋转轴上的第二点:　　　　　　　　　　//捕捉直线的一个端点

4）绘制柱子

绘制柱子，如图 6-71 所示。

（1）调用"圆"命令，绘制半径为 450 mm 的圆，如图 6-71（a）所示。

（2）调用"圆柱体"命令，捕捉交点，绘制底面半径为 35 mm、高为 800 mm 的圆柱体，如图 6-71（b）所示。

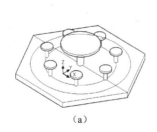
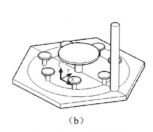
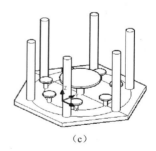

(a)　　　　　　　　　　(b)　　　　　　　　　　(c)

图 6-71　绘制柱子

（3）调用"三维阵列"命令。

◆ 选择下拉菜单：【修改】/【三维操作】/【三维阵列】

◆ 单击"建模"工具栏中的按钮：

◆ 在命令行输入命令：3darray

命令:_3darray

选择对象:找到 1 个　　　　　　　　　　　　//捕捉图 6-71(b)中的圆柱体

选择对象:　　　　　　　　　　　　　　　　//回车

输入阵列类型 [矩形(R)/环形(P)] <矩形>:p

输入阵列中的项目数目:6

6

指定要填充的角度（+=逆时针，-=顺时针）<360>：

旋转阵列对象？［是(Y)/否(N)］<Y>：

指定阵列的中心点：　　　　　　　//捕捉大圆的圆心

指定旋转轴上的第二点：　　　　　　//捕捉直线的一个端点

5）绘制顶部

（1）调用"直线"命令，捕捉象限点，绘制如图 6-72（a）所示的直线。

（2）调用"UCS"命令，指定坐标轴绕 X 轴旋转 90°，创建用户坐标系，如图 6-72（b）所示。

（3）调用"直线""多段线"命令，绘制如图 6-72（c）所示的图形。

（4）将视觉样式设置为"真实视觉样式"，调用"旋转"命令，将绘制的多段线绕垂直直线旋转 360°，如图 6-72（d）所示。

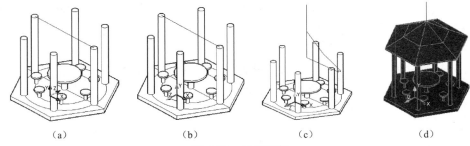

（a）　　　　　　　（b）　　　　　　　（c）　　　　　　　（d）

图 6-72　绘制顶部

6）调整视口并缩放平移图形显示

（1）调用"视口"命令。

选择下拉菜单：【视图】/【视口】/【三个视口】

命令：_-vports

输入选项 ［保存(S)/恢复(R)/删除(D)/合并(J)/单一(SI)/?/2/3/4］<3>：_3

输入配置选项 ［水平(H)/垂直(V)/上(A)/下(B)/左(L)/右(R)］<右>：

（2）调整各视口中的视图方向，将左上角视图调整为"前视"、左下角视图调整为"俯视"、右边视图调整为"西南等轴测"，并缩放各视口中的图形，如图 6-73 所示。

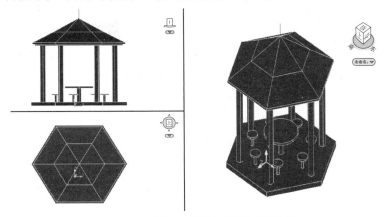

图 6-73　调整视口并缩放平移图形显示

5. 知识扩展

1）"三维阵列"命令

三维阵列分为矩形阵列和环形阵列，矩形阵列 X 方向表示列方向，Y 方向表示行方向，Z 方向表示层方向。环形阵列是绕旋转轴复制对象，指定的角度用于确定 AutoCAD 围绕旋转轴旋转阵列元素的间距，其中正值表示沿逆时针方向旋转，负值表示沿顺时针方向旋转。

2）"圆柱"命令

使用"圆柱"命令，可以创建截面为圆的圆柱和截面为椭圆的圆柱。高度方向为 Z 轴方向，当高度为正值时，沿 Z 轴正方向拉伸；当高度为负值时，沿 Z 轴负方向拉伸。也可通过指定圆柱另一底面中心的方式确定圆柱高度，两中心连线方向即为圆柱体的轴线方向。

3）"圆锥"命令

使用"圆锥"命令可以创建截面为圆或椭圆的圆锥。可以通过给定高度创建圆锥，也可以通过给定圆锥顶点的方式确定圆锥高度和圆锥的朝向，圆锥顶点与底面的中心连线方向即为圆锥体的轴线方向。

任务九　三维图形造型实例 6

1. 任务引入

建立新文件，完成以下操作：

1）绘制图形

绘制如图 6-74 所示图形，图形的大小尺寸和编辑方法不限。

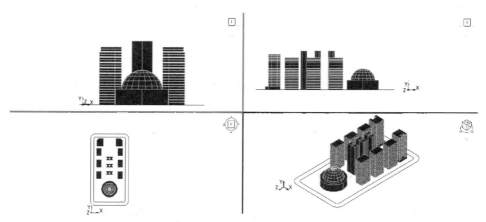

图 6-74　三维图形造型实例 6

2）调整显示

调整视口并缩放平移图形显示。

完成后将图形存入自己的文件夹下，命名为"三维图形造型实例 6"。

2. 知识点

旋转网格、面域、拉伸、三维阵列。

3. 图形分析

如图 6-75 所示，图形地面部分调用"矩形"命令绘制，给出一定圆角；实体 1～5 调用"矩形""圆""直线""面域""拉伸""三维阵列"命令完成；曲面调用"圆弧""旋转网格"命令完成。

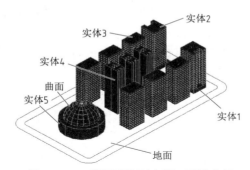

图6-75 三维图形造型实例6图形分析

4．图形绘制

1）新建文件

将视图调整到"东南等轴测方向"，选择"概念视觉样式"，调出"建模""实体编辑"等工具栏。

2）绘制地面

（1）调用"矩形"命令，如图6-76（a）所示。

```
命令:_rectang
指定第一个角点或 [倒角(C)/标高(E)/圆角(F)/厚度(T)/宽度(W)]:f
指定矩形的圆角半径 <0.0000>:50
指定第一个角点或 [倒角(C)/标高(E)/圆角(F)/厚度(T)/宽度(W)]://在屏幕空白处单击鼠标
                                                          左键
指定另一个角点或 [面积(A)/尺寸(D)/旋转(R)]:@1000,2000
```

（2）调用"偏移"命令，向外侧偏移，偏移距离为100 mm，如图6-76（b）所示。

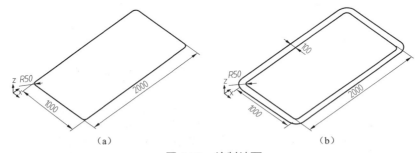

（a） （b）

图6-76 绘制地面

3）创建实体1、2、3、4的面域

（1）创建实体4的面域。

① 调用"直线"命令，捕捉中点，绘制线段 *AB*、*CD*，如图6-77（a）所示。

② 调用"直线"命令，绘制如图6-77（b）所示的图形。

③ 调用"面域"命令，创建如图6-77（c）所示的面域。

④ 调用"偏移"命令，将直线 *AB* 向左侧偏移 150 mm 得到直线 *EF*，接着将图 6-77（c）创建的面域移动到 *EF* 边的中点上，如图 6-77（d）所示。

⑤ 再次调用"偏移"命令，将直线 *EF* 向右侧偏移，偏移距离为 220 mm；调用"复制"命令，复制小面域，如图 6-77（e）所示。

⑥ 调用"镜像"命令，绘制如图 6-77（f）所示的图形。

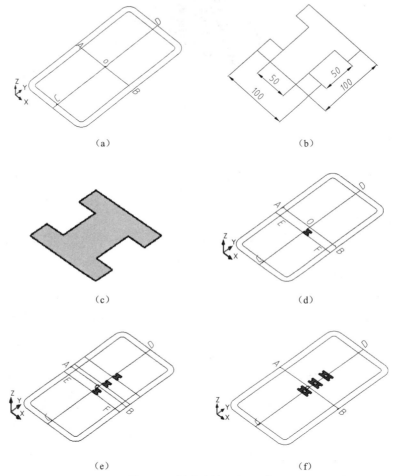

图 6-77 创建实体 4 的面域

（2）创建实体 3 的面域。

① 调用"偏移"命令，将直线 *CD* 向上偏移 260 mm；再次调用"偏移"命令，将直线 *AB* 向左侧偏移 280 mm 得出直线 *GH*，如图 6-78（a）所示。

② 调用"矩形"命令，绘制长 150 mm、宽 225 mm 的矩形，如图 6-78（b）所示。

③ 调用"面域"命令，将该矩形创建为面域，如图 6-78（c）所示。

④ 调用"偏移"命令，将直线 *AB* 向右侧偏移 350 mm，如图 6-78（d）所示。

⑤ 调用"复制"命令，捕捉交点，复制矩形创建的面域，如图 6-78（e）所示。

⑥ 调用"镜像"命令，如图 6-78（f）所示。

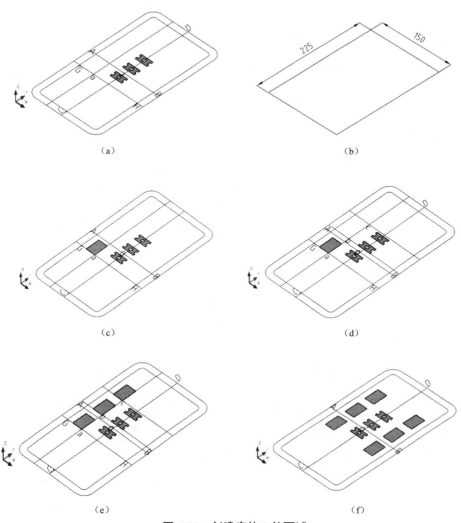

（a）　　　　　　　　　　　　　　　　　（b）

（c）　　　　　　　　　　　　　　　　　（d）

（e）　　　　　　　　　　　　　　　　　（f）

图 6-78　创建实体 3 的面域

（3）创建实体 1 的面域。

① 调用"偏移"命令，将直线 *AB* 向右偏移 710 mm，将直线 *CD* 向上偏移 400 mm，如图 6-79（a）所示。

② 调用"矩形"命令，绘制长 200 mm、宽 240 mm 的矩形，如图 6-79（b）所示。

③ 调用"倒角"命令，指定倒角角度为 45°，距离为 50 mm，如图 6-79（c）所示。

④ 调用"面域"命令，将图 6-79（c）所示的图形创建为面域，如图 6-79（d）所示。

⑤ 调用"镜像"命令，复制图 6-79（d）所示的面域，如图 6-79（e）所示。

（4）创建实体 2 的面域。

① 调用"直线"命令，绘制如图 6-80（a）所示的图形。

② 调用"面域"命令，将图 6-80（a）绘制的图形创建为面域，如图 6-80（b）所示。

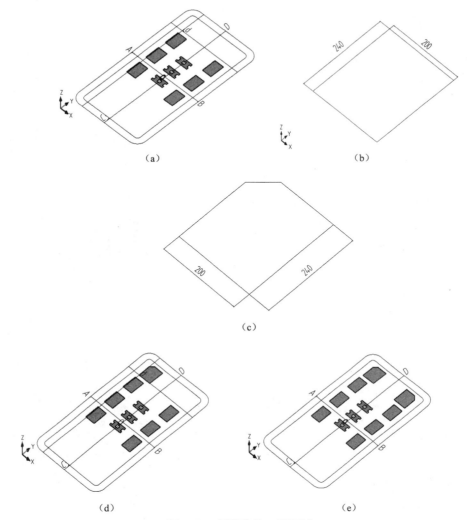

图 6-79   创建实体 1 的面域

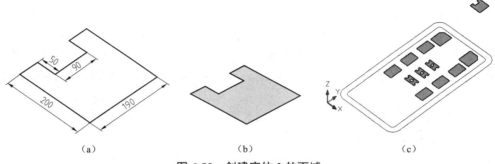

图 6-80   创建实体 2 的面域

4）拉伸面域，绘制实体

（1）调用"拉伸"命令，指定拉伸高度为 50 mm，如图 6-81（a）所示。

（2）调用"移动"命令，将图 6-81（a）所示的面域移动到两个实体表面上，如图 6-81（b）所示。

（3）调用"拉伸"命令，指定拉伸高度为 20 mm，拉伸 6 个矩形面域，如图 6-81（c）所示。

（4）调用"三维阵列"命令，绘制如图 6-81（d）所示的图形。

命令：_3darray

选择对象：找到 1 个

选择对象：找到 1 个,总计 2 个

选择对象：找到 1 个,总计 3 个

选择对象：找到 1 个,总计 4 个

选择对象：找到 1 个,总计 5 个

选择对象：找到 1 个,总计 6 个

选择对象：

输入阵列类型 [矩形(R)/环形(P)] <矩形>：

输入行数 (---) <1>：

输入列数 (|||) <1>：

输入层数 (...) <1>：20

指定层间距 (...)：25

（5）调用"拉伸"命令，指定拉伸高度为 600 mm，如图 6-81（e）所示。

（6）调用"三维阵列"命令，绘制如图 6-81（f）所示的图形。

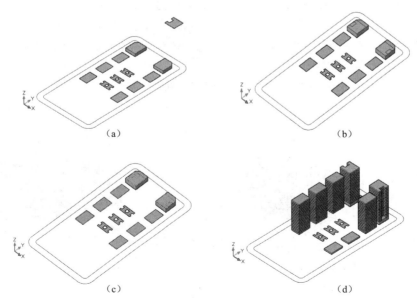

（a）

（b）

（c）

（d）

图 6-81　绘制实体

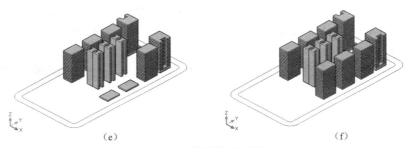

（e）　　　　　　　　　　　　　　　（f）

图 6-81　绘制实体（续）

命令：_3darray

选择对象:找到 1 个

选择对象:找到 1 个,总计 2 个

选择对象:

输入阵列类型 ［矩形(R)/环形(P)］ <矩形>:

输入行数 (---) <1>:

输入列数 (|||) <1>:

输入层数 (...) <1>:20

指定层间距 (...):25

5）绘制实体 5 与曲面

（1）创建实体 5 的面域。

① 调用"偏移"命令，将内部矩形边向右侧偏移 400 mm、向上侧偏移 500 mm；调用"圆"命令，绘制半径分别为 200 mm、255 mm 的圆，如图 6-82（a）所示。

② 调用"面域"命令，创建两个面域，如图 6-82（b）所示。

③ 调用"差集"命令，减去半径为 200 mm 的圆创建的面域，如图 6-82（c）所示。

④ 调用"拉伸"命令，指定拉伸高度为 150 mm，如图 6-82（d）所示。

（2）绘制曲面，如图 6-83 所示。

① 调用"UCS"命令，将坐标轴绕 X 轴旋转 90°，创建的用户坐标系如图 6-83（a）所示。

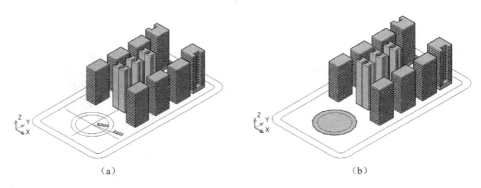

（a）　　　　　　　　　　　　　　　（b）

图 6-82　绘制实体 5

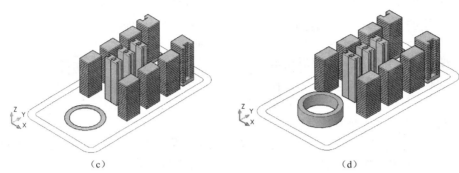

图 6-82　绘制实体 5（续）

② 开启正交功能，捕捉圆心，绘制长为 200 mm 的直线，如图 6-83（b）所示；调用"圆弧"命令，绘制如图 6-83（c）所示的圆弧。

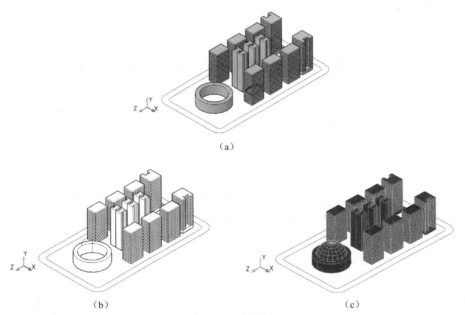

图 6-83　创建曲面

③ 设置经线线框密度：

命令:surftab1

输入 SURFTAB1 的新值 <6>:18

④ 调用"旋转网格"命令：

◆　选择下拉菜单：【绘图】/【建模】/【网格】/【旋转网格】

◆　在命令行输入命令：Revsurf

命令:_revsurf

当前线框密度:SURFTAB1=18　SURFTAB2=6

选择要旋转的对象：　　　　　　　　　　　　　//选择圆弧

选择定义旋转轴的对象：   //选择直线

指定起点角度 <0>：   //回车

指定包含角（+=逆时针，-=顺时针）<360>： //回车

6）调整视口并缩放平移图形显示

（1）调用"视口"命令。

命令：_-vports

输入选项 [保存(S)/恢复(R)/删除(D)/合并(J)/单一(SI)/?/2/3/4] <3>：_4

（2）调整各视口的视图方向。左上方图形视图调整为"前视"；左下方图形视图调整为"俯视"；右上方图形视图调整为"左视"；右下方图形视图调整为"东南等轴测方向"。调用"缩放"命令，调整各视口中的图形的大小，如图 6-74 所示。

5．知识扩展

1）设置经纬线框密度

经纬线框密度参数为 SURFTAB1、SURFTAB2，用户可根据需要自行设置。

2）"分割"命令

"分割"命令是将一个不相连的三维实体对象分割为几个独立的三维实体对象。

3）"检查"命令

"检查"命令是验证三维实体对象是否为有效的 ShapeManager 实体。在默认情况下，用户不需要检查实体错误，因为每一次实体编辑和编制过程中，都有实体有效性的检查。除非用户将系统变量 SOLIDCHECK 的值设置为"0"，在实体编辑和绘制过程中将关闭实体有效性的检查，此时用户在绘制完实体后应检查实体是否为有效实体。

小　结

本项目主要以具体的实例讲述在 AutoCAD 2018 中三维模型的分类、用户坐标系的创建方法以及三维显示控制；通过创建三维模型实例介绍了三维实体模型的创建和编辑方法。

在三维模型的分类中介绍了 3 类三维模型的不同特点与使用场合。在坐标系一节中，介绍了使用不同的方法建立用户坐标系，并绘制三维图形。在三维显示控制中，介绍了基本视图和等轴测视图，设置视点和使用动态观察器来观察三维对象的方法，以及在不同的视觉样式下三维图形的显示效果。

在 AutoCAD 2018 中，可以使用其提供的预定义三维实体对象建立基本几何形体，通过将二维对象沿路径延伸或绕轴旋转的方法来创建实体。还可以使用并集、差集和交集等命令对已有实体对象进行布尔运算来创建复杂的实体。

创建实体后，可对其进行圆角、倒角、剖切、截面和分解等操作，还可以使用干涉命令对重叠的实体检查进行干涉，创建干涉实体。除了以上几种功能外，AutoCAD 2018 还提供了一个强大的三维实体编辑命令，可用于对实体的面、边和体等元素进行编辑操作。面编辑命令有移动面、复制面、倾斜面、旋转面、偏移面、着色面、拉伸面、删除面等；边编辑命令有复制边、着色边等；体操作命令有抽壳、压印、清除、检查操作等。

此外，本项目还介绍了 3 种用于在三维空间中修改对象的命令，包含三维阵列、三维镜像、三维对齐命令，以及一种用于曲面创建的命令——旋转网格命令。

练　习

一、选择题（可多选）

1. 在 AutoCAD 2018 中，系统默认是在（　　　）平面上绘制图形。

A. *XY*　　　　　　　　　　　　　　B. *XZ*

C. 任意　　　　　　　　　　　　　　D. *YZ*

2. 能够真实地观察三维模型立体感的视图方式是（　　　）。

A. 俯视图　　　　　　　　　　　　　B. 左视图

C. 右视图　　　　　　　　　　　　　D. 西南等轴测

3. 创建用户坐标系的命令是（　　　）。

A. WCS　　　　　　　　　　　　　　B. UCS

C. US　　　　　　　　　　　　　　　D. MS

4. 设置线框密度值的系统变量是（　　　）。

A. ISOLINES　　　　　　　　　　　　B. SURFTAB1

C. SURFTAB2　　　　　　　　　　　　D. DISPSILH

5. 不可用"旋转"命令产生回转体的对象有（　　　）。

A. 圆　　　　　　　　　　　　　　　B. 矩形

C. 多段线绘制和封闭图形　　　　　　D. 面域

二、判断题

1. 拉伸厚度不能取负值。　　　　　　　　　　　　　　　　　　　（　　　）

2. 二维镜像命令只能镜像平面图形，三维镜像命令只能镜像三维图形。　（　　　）

三、简答题

1. AutoCAD 2018 中共有几种视觉样式？

2. AutoCAD 2018 中的 3 种模型有什么异同？AutoCAD 2018 中常使用的模型类型是哪种？

3. 简述建立用户坐标系的方法、常用的 3 点创建用户坐标系方式及其选择的 3 个点各有什么意义。

4. 在 AutoCAD 2018 中使用"三维对齐"命令时，需要指定几对点？每对点的意义是什么？

5. 使用"抽壳"命令对实体编辑时，抽壳距离是否可以为负？

四、操作题

1. 按照题图 6-1 所示绘制三维图形，并标注尺寸。

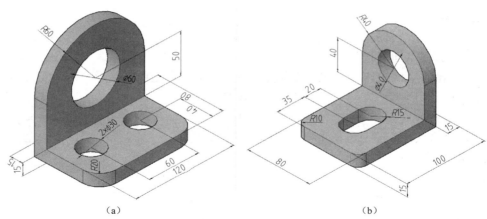

（a）　　　　　　　　　　　　　　　（b）

题图 6-1

2. 自定义尺寸，绘制题图 6-2 所示的笔帽立体图。

（a）　　　　　　　　　　　　　　　（b）

题图 6-2

3. 自定义尺寸，绘制题图 6-3 所示的手机面板立体图。

（a）　　　　　　　　　　　　　　　（b）

题图 6-3

4. 自定义尺寸，绘制题图 6-4 所示的三通立体图。

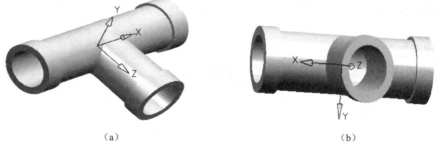

（a）　　　　　　　　　　　　　　　（b）

题图 6-4

5. 自定义尺寸，绘制题图 6-5 所示的立体图形。

题图 6-5

6. 根据尺寸绘制题图 6-6 所示的立体图。

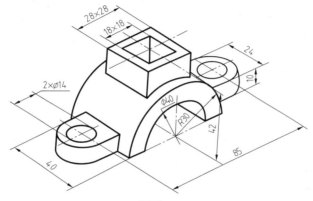

题图 6-6

7. 绘制题图 6-7 所示的立体图。

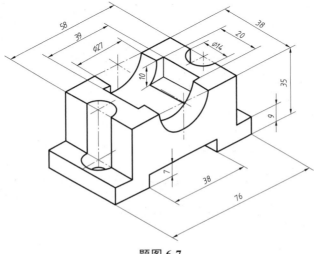

题图 6-7

8. 绘制题图 6-8 所示的立体图。

9. 绘制题图 6-9 所示的立体图。

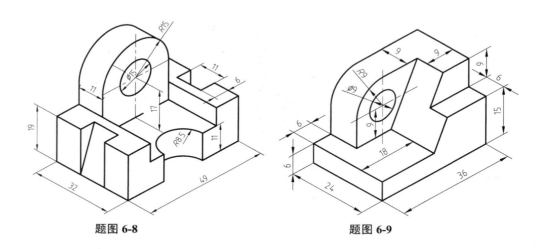

题图 6-8 　　　　　　　　　　题图 6-9

10. 绘制题图 6-10 所示的立体图。

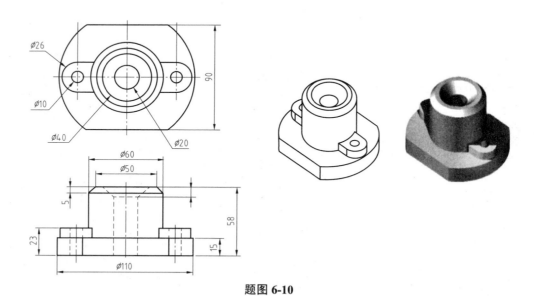

题图 6-10

11. 根据三视图的尺寸，绘制题图 6-11 所示的立体图。

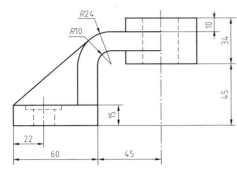

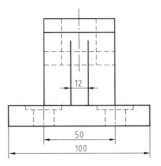

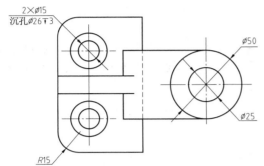

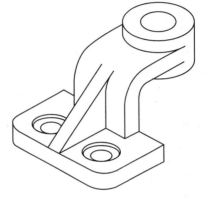

题图 6-11

教学目标

本项目主要以实例的形式，介绍机械图的绘制方法。通过本项目的学习，将掌握绘制零件图、装配图的方法。进一步掌握视图、剖视图、断面图等的绘制方法，尺寸公差、形位公差、粗糙度、断面等的标注方法。

学习重点

◇ 零件图的绘制方法
◇ 装配图的绘制方法

任务一　零件图的绘制实例 1

1. 任务引入

根据图 7-1 所示的尺寸精确绘制零件图，并标注图形。具体要求为：创建图层 L1、L2 及 L3 三个图层，其中图层 L1，颜色设置为红色，线型设置为 CENTER2，线宽为 0，轴线绘制在该图层上；图层 L2，颜色设置为青色，线型设置为 DASHED2，线宽为 0，虚线绘制在该图层上；图层 L3，颜色设置为蓝色，线型设置为 Continuous，线宽为 0，尺寸标注绘制在该图层上；其余图形均绘制在默认图层 0 上。

2. 图形分析

该零件图包含主视图和俯视图，画图时要注意两者之间的对应关系，以提高绘图效率。该图的俯视图上下基本对称，可以适当使用"镜像"命令，节省画图时间。此外，图形中拥有实线、虚线、标注线及中心线 4 种线型，因此在绘制过程中要注意图层的变换。

3. 图形绘制

1）设置图层

根据要求设置好图层，如图 7-2 所示。

2）绘制中心线

（1）将图层 L1 设置为当前图层，调用"直线"命令，结合图 7-1 中的尺寸，绘制中心线（图 7-3），其中水平线的长度为 171 mm，垂直线的长度为 70 mm，垂直线距水平线左端点的距离为 20 mm。

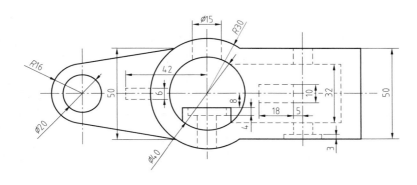

7

项目七

机械图绘制

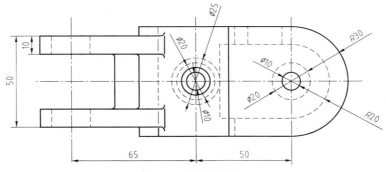

图 7-1　零件图实例 1

图 7-2　图层设置

（2）调用"偏移"命令，将垂直线分别向右偏移 65 mm 和 115 mm，结果如图 7-4 所示。

（3）调用"复制"命令，选择图 7-4 中的所有中心线为对象，将所有对象垂直向下复制 100 mm，结果如图 7-5 所示。

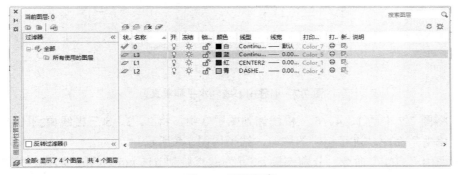

图 7-3　绘制中心线　　　　　图 7-4　偏移中心线（垂直）

3）绘制主视图

（1）将默认图层 0 设置为当前图层，调用"圆"命令，在相应的位置分别绘制 $R16$ mm、$R10$ mm、$\phi60$ mm、$\phi40$ mm 的圆，结果如图 7-6 所示。

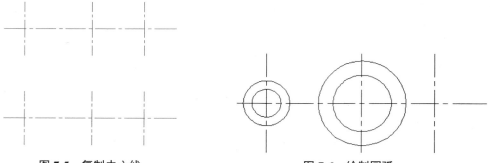

图 7-5　复制中心线　　　　　　　　图 7-6　绘制圆弧

（2）调用"偏移"命令，将水平中心线分别向上、下偏移 16 mm、25 mm，将最右端的垂直中心线向右偏移 20 mm 和 30 mm，结果如图 7-7 所示。

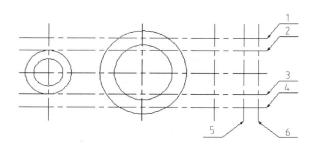

图 7-7　偏移中心线（水平和垂直）

（3）将图 7-7 中的 1、4、6 三根线调到图层 0 中，将 2、3、5 三根线调到图层 L2 中，并调用"修剪"命令，进行相应的修剪，结果如图 7-8 所示。

（4）调用"直线"命令，分别连接 a、b 为起点绘制 $R16$ mm 圆弧的切线，并调用"修剪"命令进行相应的修剪，结果如图 7-9 所示。

（5）调用"偏移"命令。

① 将水平中心线分别向上、下偏移 3 mm、5 mm。

② 将水平中心线向下偏移 8 mm、12 mm 和 22 mm。

③ 将中间的垂直中心线分别向左、右偏移 5 mm、7.5 mm、10 mm 和 12.5 mm。

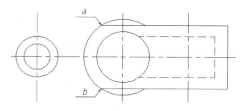

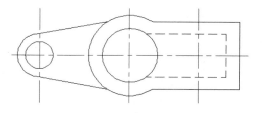

图 7-8　更改图层　　　　　　　　　图 7-9　绘制切线

④ 将中间的垂直中心线向左偏移 42 mm。

⑤ 将最右端的垂直中心线分别向左、右偏移 5 mm 和 10 mm。

⑥ 将最右端的垂直中心线向左偏移 23 mm，结果如图 7-10 所示。

（6）调用"修剪"命令，对偏移的线进行修剪，并将修剪后的线分别调整到 0 层（实线调整到该层）和 L2 层（虚线调整到该层），得到主视图如图 7-11 所示。

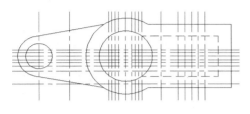 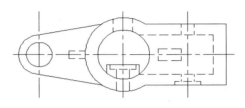

图 7-10　偏移结果　　　　　　　　图 7-11　主视图

4）绘制俯视图

（1）调用"圆弧"命令，以右端水平中心线与垂直中心线的交点为圆心，绘制 R30 mm、R20 mm、φ20 mm 及 φ10 mm 圆弧。

（2）调用"圆弧"命令，以中间水平中心线与垂直中心线的交点为圆心，绘制 φ25 mm 圆弧。

（3）调用"偏移"命令，将偏移距离设置为 2.5 mm，选择 φ25 mm 圆弧为对象，向内偏移得到 φ20 mm 圆弧，按"空格"键；继续使用"偏移"命令，再次按"空格"键，然后将偏移距离设置为 2.5 mm，选择 φ20 mm 圆弧为对象，向内偏移得到 φ15 mm 圆弧。采用同样的方法，得到 φ10 mm 圆弧，结果如图 7-12 所示（绘制过程中，可以先在 0 图层中绘制，再将对应的虚线调整到 L2 图层中）。

（4）调用"直线"命令，以主视图中相应的点为起点绘制竖直线，如图 7-13 所示。

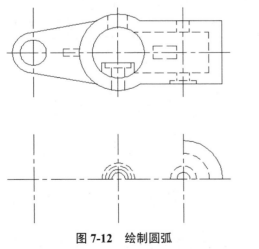 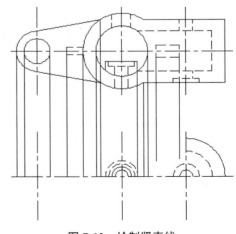

图 7-12　绘制圆弧　　　　　　　　图 7-13　绘制竖直线

（5）调用"直线"命令，分别以图 7-14 中的 c、e 两点为起点绘制 cd、ef 两条水平直线。

（6）调用"偏移"命令，将下方的水平中心线向上分别偏移 15 mm 和 25 mm，结果如图 7-14 所示。

（7）调用"修剪"命令，对图线进行修剪，并将修剪后的线分别调整到 0 层（实线调整到该层）和 L2 层（虚线调整到该层），结果如图 7-15 所示。

（8）调用"打断"命令，将图 7-15 中的"1"号线在 *m*、*n* 两点打断。

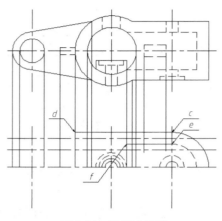

图 7-14　绘制水平线

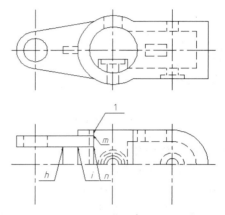

图 7-15　修剪图线

（9）调用"圆角"命令，将"半径"设置为 2 mm，"修剪"选项设置为"不修剪"，在 *h*、*i*、*m*、*n* 4 处进行圆角操作，将多余的线剪掉，结果如图 7-16 所示。

（10）调用"镜像"命令，选择"俯视图中水平中心线上方的所有图形"为对象，选择"水平中心线"为镜像线，将不对称部分删除，得到零件的主、俯视图，如图 7-17 所示。

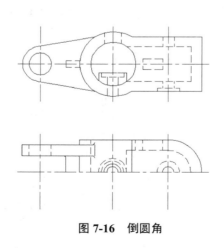

图 7-16　倒圆角

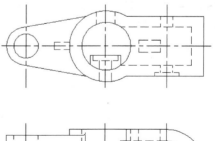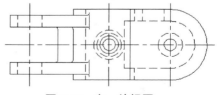

图 7-17　主、俯视图

5）标注尺寸

（1）采用前面项目介绍的方法设置标注样式，将"字体的高度"设置为"5"。

（2）调用"线性标注"命令，标出线性尺寸，结果如图 7-18 所示。

（3）调用"直径标注"命令，标出直径尺寸。

（4）调用"半径标注"命令，标出半径尺寸。至此，完成整个零件图的绘制，最终结果如图 7-1 所示。

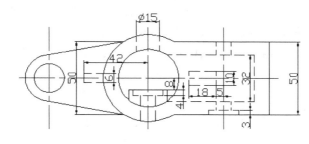

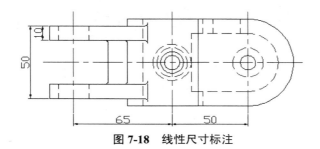

图 7-18　线性尺寸标注

4. 扩展知识

1）任务

创建一图幅为 A4、竖放的样板图，并设置图层、文字样式及尺寸标注样式，如图 7-19 所示。

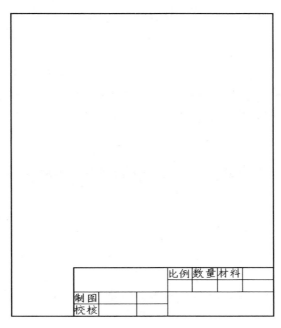

图 7-19　样板图

2）样板图的创建过程

（1）设置图幅为 A4、竖放。

① 调用"新建"命令，打开"选择样板"对话框，选择"acadiso"样板打开。

② 调用"图形界限"命令，设置绘图区域为长 210 mm、宽 297 mm 的 A4 图幅。

（2）设置图层。采用前面图层项目介绍的方法设置图层，如图 7-20 所示。

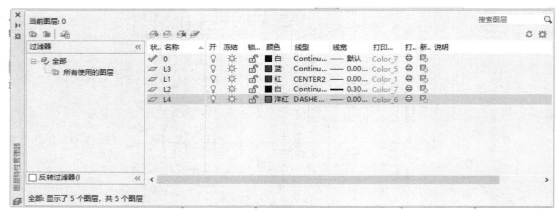

图 7-20 图层设置

（3）绘制图框。将图层 L2 设置为当前层，调用"矩形"命令绘制 210 mm× 297 mm 的图框。

（4）设置文字、尺寸标注样式。

① 采用前面项目介绍的方法设置仿宋体、斜体文字样式。仿宋体选择"仿宋 GB2312"，斜体文字选择"Times New Roman"，字高统一设置为 7。

② 采用前面项目介绍的方法设置尺寸标注样式，将字体高度设置为 5。

（5）绘制标题栏。调用"直线""多行文字"命令，完成标题栏的绘制。

（6）保存样板图。调用"保存"命令，打开"图形保存"对话框，输入文件名"机械图"，在"文件类型"下拉列表中选择"AutoCAD 图形样板（*.dwt）"，单击"保存"按钮，弹出"样板说明"对话框。然后在对话框中输入有关说明，单击"确定"按钮，完成样板图的创建。

任务二   零件图的绘制实例 2

1. 任务引入

根据图 7-21 所示的尺寸精确绘制零件图，并标注图形。具体要求为：创建图层 L1、L2 及 L3，其中图层 L1，颜色设置为红色，线型设置为 CENTER2，线宽为 0，轴线绘制在该图层上；图层 L2，颜色设置为白色，线型设置为 Continuous，线宽为 0.30，粗实线绘制在该图层上；图层 L3，颜色设置为蓝色，线型设置为 Continuous，线宽为 0，尺寸标注绘制在该图层上；其余图形均绘制在默认图层 0 上。

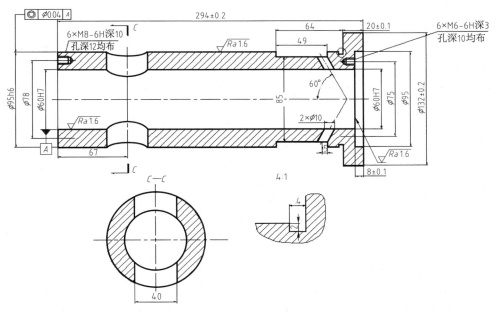

图 7-21　零件图实例 2

2. 图形分析

该零件图的上下部分是完全对称的，因此只需绘制上（下）半部分的图形，然后利用"镜像"命令完成整个图形的绘制。此外，图形中拥有粗实线、细实线、标注线和中心线 4 种线型，因此在绘制过程中，要注意图层的变换。

3. 图形绘制

1）设置图层

根据要求，设置好图层，如图 7-22 所示。

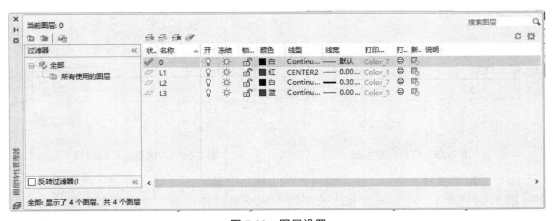

图 7-22　图层设置

2）绘制中心线

将图层 L1 设置为当前图层，调用"直线"命令，结合图 7-21 中的尺寸绘制中心线，如图 7-23 所示，其中水平线的长度为 304 mm，垂直线的长度为 105 mm，垂直线距水平线左端点的距离为 72 mm。

3）绘制主视图

（1）调用"偏移"命令，将垂直中心线的上半部分分别向左偏移 20 mm、67 mm，向右偏移 20 mm、207 mm、143 mm、192 mm、219 mm、227 mm，将水平中心线分别向上偏移 30 mm、37.5 mm、39 mm、42.5 mm、47.5 mm、66 mm，结果如图 7-24 所示。

图 7-23　中心线　　　　　　　　　　　　　图 7-24　偏移中心线

（2）调用"延长"命令，将图 7-24 中最右边的 3 条竖直线延长至最高位置的水平线。

（3）调用"修剪"命令，对偏移的线进行修剪，并将修剪后的线分别调整到 L2 图层上，结果如图 7-25 所示。

（4）调用"偏移"命令，将图 7-25 中的"1"线向左偏移 5 mm，"2"线向下偏移 2 mm，"3"线向左偏移 4 mm。

（5）利用"延伸""修剪"命令，完成宽为 4 mm、高为 2 mm 的沟槽的绘制，结果如图 7-26 所示。

（6）将 L1 图层设置为当前层，调用"偏移"命令，以"1"线向左偏移 5 mm 后的直线与水平线的交点为端点，利用相对坐标绘制角度为 300°、长度为 50 mm 的中心线，并利用"拉伸""修剪"命令进行相应的处理，结果如图 7-26 所示。

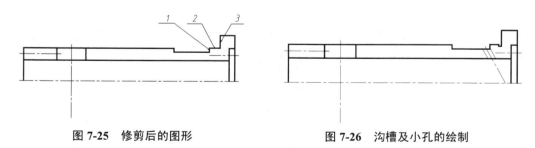

图 7-25　修剪后的图形　　　　　　　　　图 7-26　沟槽及小孔的绘制

（7）调用"偏移"命令，选用通过点的方式进行偏移，将第（6）步绘制好的中心线通过图 7-25 中"1"线下端点与"水平线"的交点进行偏移，结果如图 7-26 所示。

（8）调用"镜像"命令，选择第（7）步的偏移线为对象，选择第（6）步绘制好的中心线为镜像线，进行镜像操作，并调用"修改"命令剪掉多余的线段，结果如图 7-26 所示。

（9）相贯线的绘制。

① 调用"圆"命令，以图 7-27 中的 O 点为圆心，绘制 ϕ60 mm、ϕ95 mm 两个圆。

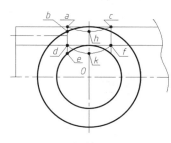

图 7-27　左边相贯线的绘制

② 调用"圆弧"命令，使用 3 点画弧，依次选中 a、h、c 三点，其中 h 点和 b 点在同一水平线上，可以打开"对象捕捉"和"对象追踪"两个选项来找到 h 点。

③ 调用"圆弧"命令，使用 3 点画弧，依次选中 d、k、f 三点，其中 k 点和 e 点在同一水平线上，可以打开"对象捕捉"和"对象追踪"两个选项来找到 k 点，结果如图 7-27 所示。

④ 利用同样的方法，完成图形右方圆孔处相贯线的绘制。

⑤ 利用"修剪"命令，修剪多余的线段，结果如图 7-28 所示。

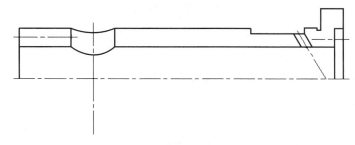

图 7-28　相贯线的绘制结果

（10）调用"镜像"命令，选择水平中心线上方的所有图形为对象，选择水平中心线为镜像线，结果如图 7-29 所示。

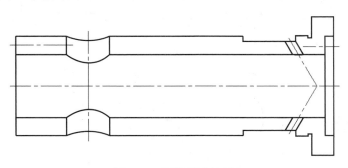

图 7-29　镜像后的结果

（11）绘制 M8、M6 两个螺纹孔。

① 查 GB/T 192—2003、GB/T 193—2003、GB/T 196—2003 得知 M8、M6 两个螺纹孔的小径分别为 6.647 mm、4.917 mm。

② 调用"偏移"命令，将最左边的竖直线分别向右偏移 10 mm、12 mm，将左上方的水平中心线分别向上、下两个方向偏移 3.323 5 mm 和 4 mm。

③ 调用"直线"命令，捕捉图 7-30 中的 p 点，在命令栏输入@10<300 画一斜线，并利用"镜像"命令将该斜线镜像到水平中心线的下方。

④ 调用"修剪"命令，剪掉多余的线段，并将"1""2"两根线调整到 0 图层中（此两根线为细实线），其余的线调整到图层 L2 中（中心线除外），完成 M8 螺纹孔的绘制。

⑤ 利用相同的方法，完成 M6 螺纹孔的绘制，结果如图 7-30 所示。

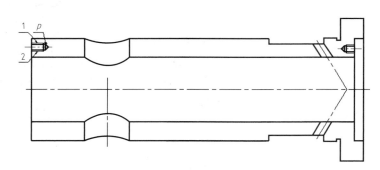

图 7-30　螺纹孔的绘制

4）绘制剖视图和局部放大视图

调用"直线""圆""样条曲线""偏移"和"修剪"命令，完成剖视图和局部放大视图的绘制，如图 7-31 所示，其中局部放大视图的放大比例为 4:1。

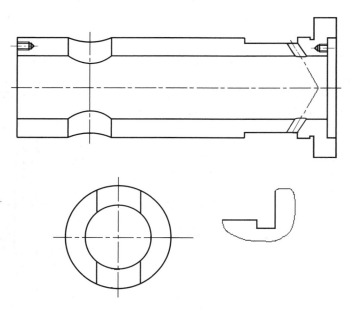

图 7-31　剖视图和局部放大视图的绘制

5）绘制剖面线

（1）调用"图案填充"命令，打开"图案填充和渐变色"对话框，如图 7-32 所示。

图 7-32　"图案填充和渐变色"对话框

（2）按照图 7-32 设置各个选项。

（3）单击右上角"拾取点"按钮，选择图中需要添加剖面线的区域，然后单击"关闭图案填充创建"按钮，完成剖面线的绘制，结果如图 7-33 所示。

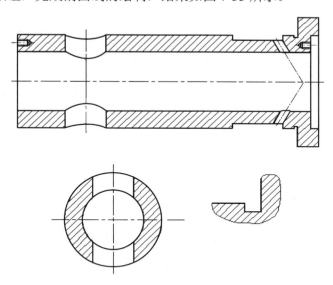

图 7-33　剖面线的绘制

6）标注尺寸

（1）采用前面项目介绍的方法设置标注样式，将"字体的高度"设置为"5"。

（2）调用"线性标注"命令，标出线性尺寸，结果如图 7-34 所示。

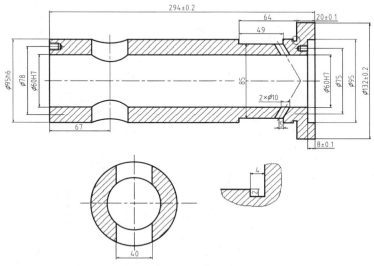

图 7-34　线性尺寸标注

（3）调用"角度标注"命令，标出 60°角。

（4）调用"引线标注"和"文字"命令，标注形位公差和两个螺纹孔的说明。

（5）调用"文字"命令，标出剖视图和局部放大视图的标记，结果如图 7-35 所示。

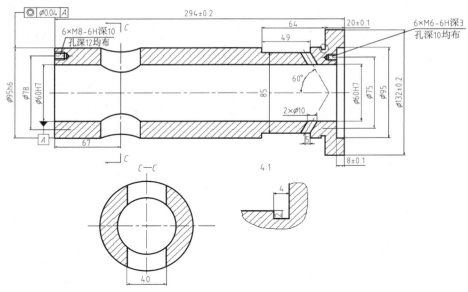

图 7-35　形位公差及剖视标记的标注

（6）采用前面介绍的插入"粗糙度块"的方法，完成粗糙度的标注。至此，完成整个图形的绘制，结果如图 7-21 所示。

任务三　零件图的绘制实例 3

1. 任务引入

根据如图 7-36 所示的尺寸精确绘制零件图，并标注图形。具体要求为：创建图层 L1、L2、L3 三个图层，其中图层 L1，颜色设置为红色，线型设置为 CENTER2，线宽为 0，

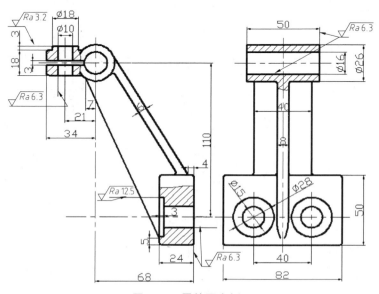

图 7-36　零件图实例 3

轴线绘制在该图层上；图层 L2，颜色设置为蓝色，线型设置为 Continuous，线宽为 0，尺寸线绘制在该图层上；图层 L3，颜色设置为白色，线型设置为 Continuous，线宽为 0，剖面线绘制在该图层上；其余图形绘制在默认图层 0 上，粗实线的线宽为 0.30 mm，未注圆角为 2 mm。

2. 图形分析

该零件图包含主视图和左视图两个视图，可以利用两个视图在水平方向的对应关系，同时绘制两个视图。左视图左右对称，因此只需绘制其左（右）半部分的图形，然后利用"镜像"命令完成整个左视图的绘制。此外，图形中拥有实线、标注线、剖面线及中心线4 种线型，在绘制过程中，要注意图层的变换。

3. 图形绘制

1）设置图层

根据要求，设置好图层，将默认图层的线宽设置为 0.30 mm（绘制在该图形中的是粗实线），如图 7-37 所示。

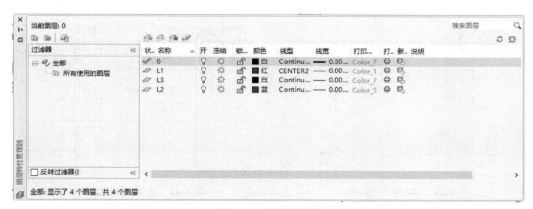

图 7-37　图层设置

2）绘制中心线

（1）将图层 L1 设置为当前图层，调用"直线"命令，结合图 7-36 中的尺寸绘制中心线，如图 7-38 所示，其中水平线的长度为 214 mm，垂直线的长度为 153 mm，垂直线距水平线左端点的距离为 39 mm，其上端点距水平中心线的距离为 18 mm。

（2）调用"偏移"命令，将水平中心线向下偏移 110 mm，将垂直中心线分别向左偏移 21 mm、向右偏移 129 mm，结果如图 7-39 所示。

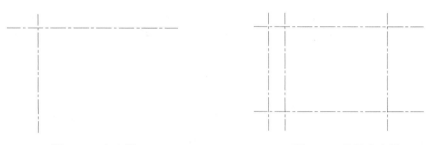

图 7-38　中心线　　　　　　　　图 7-39　偏移中心线

3）绘制视图

（1）调用"偏移"命令，将左边垂直中心线向左分别偏移 5 mm、9 mm、13 mm，将水平中心线分别向上偏移 1.5 mm、9 mm、12 mm，向下偏移 1.5 mm、9 mm。

（2）调用"圆"命令，以中间垂直中心线与上面水平中心线的交点为圆心，分别绘制 $\phi16$ mm、$\phi26$ mm 两个圆。

（3）调用"修剪"命令，剪掉多余的线，并将修剪的线调整到 0 图层上。

（4）调用"镜像"命令，将左边垂直中心线左边部分的图形镜像到其右边，结果如图 7-40 所示。

（5）调用"偏移"命令，将下方水平中心线分别向上偏移 30 mm、向下偏移 20 mm；将中间垂直中心线分别向右偏移 44 mm、68 mm；将右边垂直中心线分别向左偏移 4 mm、20 mm、25 mm、41 mm。

（6）调用"直线"命令，通过第（2）步绘制的两个圆与中间垂直中心线的交点绘制 4 条直线，结果如图 7-41 所示。

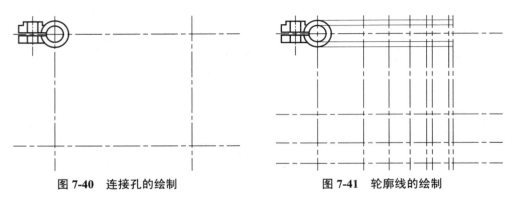

图 7-40　连接孔的绘制　　　　　　　图 7-41　轮廓线的绘制

（7）调用"修剪"命令，对偏移的线进行修剪，并将修剪后的线分别调整到相应的图层上。

（8）调用"镜像"命令，选择"左视图的左半部分"为对象，选择右边垂直中心线为镜像线，结果如图 7-42 所示。

（9）调用"偏移"命令，将图 7-43 中的"1"线向左偏移 4 mm；"2"线向右偏移 3 mm；"3"线向上分别偏移 7.5 mm、14 mm，向下分别偏移 7.5 mm、14 mm；"4"线向上偏移 5 mm；中间垂直中心线向左偏移 7 mm。

（10）调用"直线"命令，通过 M、N 两点绘制斜线，通过 A 点绘制 $\phi26$ 圆的切线，调用"偏移"命令，将该切线向下偏移 6 mm，结果如图 7-43 所示。

（11）调用"修剪"命令，剪掉多余的线，并将修剪的线调整到 0 图层上，结果如图 7-44 所示。

（12）将 L1 层设置为当前层，调用"直线"命令，绘制左视图中左边两个圆的中心线。

（13）将 0 层设置为当前层，调用"圆"命令，绘制 $\phi15$、$\phi28$ 两个圆，并调用"镜像"命令，将这两个圆镜像到右边，结果如图 7-45 所示。

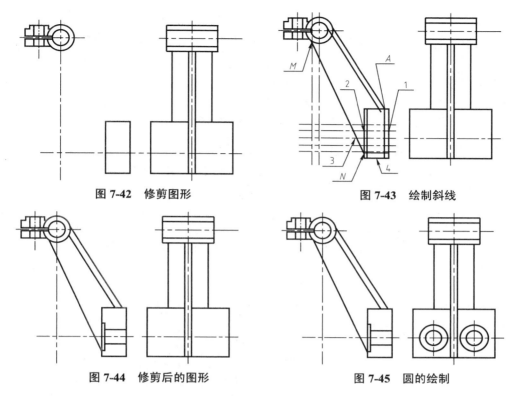

图 7-42　修剪图形　　　　　　　　　　　图 7-43　绘制斜线

图 7-44　修剪后的图形　　　　　　　　　图 7-45　圆的绘制

（14）调用"圆角"命令，将"半径"设为 2，进行倒圆角操作（注意"修剪/不修剪"选项的设置），如图 7-46 所示。

（15）调用"圆弧"命令，依次通过图 7-46 中的 D、E、F 三点绘制圆弧，D 点为两直线的交点，F 点应与图 7-43 中的 N 点在同一水平线上，E 点根据弧的形状适当选择。利用"镜像"命令完成另一半相贯线的绘制，结果如图 7-46 所示。

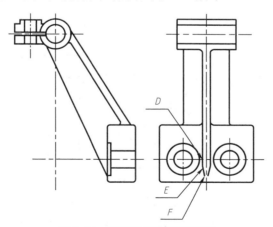

图 7-46　圆弧及相贯线的绘制

4）绘制剖面线

（1）调用"样条曲线"命令，绘制对应的边界线，并利用"修剪"命令剪掉多余的线。

（2）调用"图案填充"命令，打开"图案填充"对话框，如图 7-47 所示。

图 7-47　"图案填充"对话框

（3）按照图 7-47 设置各个选项。

（4）单击右上角"拾取点"按钮，选择图中需要添加剖面线的区域，然后单击"关闭图案填充创建"按钮，完成剖面线的绘制，结果如图 7-48 所示。

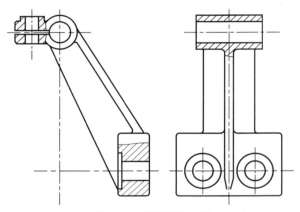

图 7-48　剖面线的绘制

5）标注尺寸

（1）采用前面项目介绍的方法设置标注样式，将字体的高度设置为 5。

（2）调用"线性标注""对齐标注"及"直径标注"命令，标出尺寸，结果如图 7-49 所示。

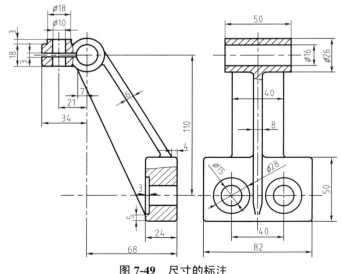

图 7-49　尺寸的标注

6）粗糙度标注

采用前面介绍的插入"粗糙度"块的方法，完成粗糙度的标注。至此，完成整个图形的绘制，单击屏幕下方的"线宽"选项，显示线宽，结果如图 7-36 所示。

任务四 装配图的绘制实例 1

1. 任务引入

绘制图 7-50 所示的装配图，并标注相应的尺寸。

2. 图形分析

该图形是一个装配图，可以先绘制各个零件图，并将各个零件图制作成图块，最后，利用"插入图块"命令将各个图块组合成装配图。由于该装配图的零件图线比较少，因此也可以采用直接绘制的方法绘制。为了复习前面所介绍的"块制作""插入"命令，下面利用"插入图块"的方法绘制该视图。

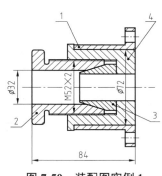

图 7-50　装配图实例 1

3. 图形绘制

1）设置图层

按照图 7-51 设置好图层。

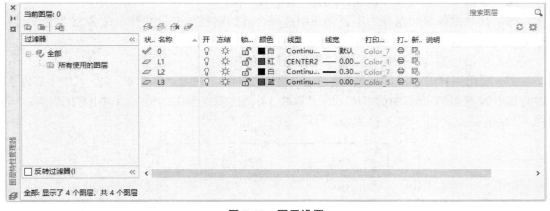

图 7-51　图层设置

2）绘制零件图

采用前面介绍的方法，按照图 7-52 绘制零件图。

3）制作图块

（1）在命令行输入"WBLOCK"命令（简写为 W），则弹出"写块"对话框，如图 7-53 所示。

（2）在对象来源中选择"对象"。

（3）单击"拾取点"按钮，选择图 7-52（a）中的"A"点为插入点基点。

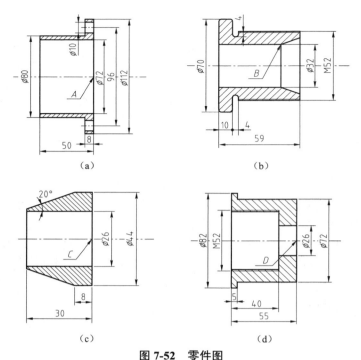

图 7-52　零件图

（a）零件 1；（b）零件 2；（c）零件 3；（d）零件 4

（4）单击"选择对象"按钮，选择"零件 1"图。

（5）在"文件名和路径"下拉列表中选择合适的路径，并将文件名命名为"零件 1"，也可通过右边的 ⬚ 按钮，为文件选择合适的位置进行保存。

（6）单击"确定"按钮，完成"零件 1"块的写入。

（7）采用同样的方法，写入"零件 2"块、"零件 3"块及"零件 4"块。其中"零件 2"块的基点为图 7-52（b）中的"B"点；"零件 3"块的基点为图 7-52（c）中的"C"点；"零件 4"块的基点为图 7-52（d）中的"D"点。

图 7-53　"写块"对话框

4）绘制装配图

调用"插入块"命令：

◆ 选择下拉菜单：【插入】/【块】

◆ 单击"绘图"工具栏中的按钮：

◆ 在命令行输入命令：INSERT

系统弹出"插入"对话框，如图 7-54 所示。

图 7-54 "插入"对话框

（1）在"名称"项单击右边的"浏览"按钮，弹出"选择图形文件"对话框，如图 7-55 所示。找到刚才所存的块的路径，选择"零件 1"文件，单击"确定"按钮，回到"插入"对话框。

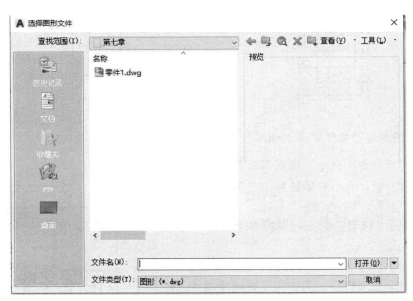

图 7-55 "选择图形文件"对话框

（2）在"插入点"选项组中勾选"在屏幕上指定"复选框。

（3）缩放比例设置为"1"。

（4）旋转角度输入"0"。

（5）单击"确定"按钮，AutoCAD 提示"指定插入点"，在屏幕中间位置单击鼠标左键，完成"零件 4"块的插入，结果如图 7-56 所示。

（6）利用同样的方法，插入"零件 1"块，AutoCAD 提示"指定插入点"，捕捉图 7-52（d）中的"D"点，完成"零件 1"块的插入，结果如图 7-57 所示。

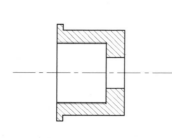

图 7-56 "零件 4"块的插入

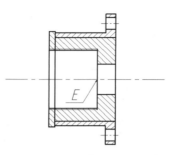

图 7-57 "零件 1"块的插入

（7）利用同样的方法，插入"零件 3"块，AutoCAD 提示"指定插入点"，捕捉图 7-57 中的"E"点，完成"零件 3"块的插入，结果如图 7-58 所示。

（8）利用同样的方法，插入"零件 2"块，AutoCAD 提示"指定插入点"，将"零件 2"块的斜边与"零件 3"块的斜边对齐（使两者重合），结果如图 7-59 所示。

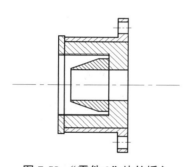

图 7-58 "零件 3"块的插入

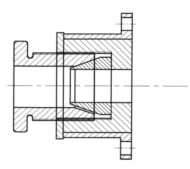

图 7-59 "零件 2"块的插入

（9）调用"分解"命令，将图中所有的块进行分解（如果没有分解，就不能单独对图块中的每根线进行编辑）。

（10）调用"修剪"命令，剪掉多余的线，结果如图 7-60 所示。

5）标注尺寸

（1）采用前面项目介绍的方法设置标注样式，将字体的高度设置为 5。

（2）调用"线性标注"命令，标出尺寸。

（3）调用"引线标注"命令，编写零件序号，结果如图 7-50 所示。

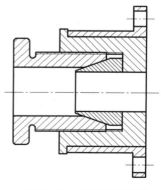

图 7-60 修剪后的图形

任务五 装配图的绘制实例 2

1. 任务引入

绘制图 7-61 所示的装配图，并标注相应的尺寸。

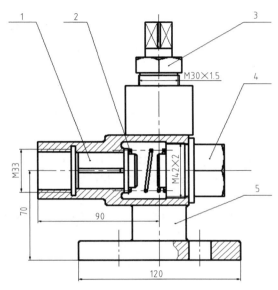

图 7-61 绘制完成后的图形

2. 图形分析

该图形是一个装配图，上一节讲述了利用"插入块"的方法绘制装配图，本任务将采用直接绘制的方法绘制。

3. 图形绘制

1) 设置图层

按照上一任务的图 7-51 设置好图层。

2) 绘制视图

（1）将图层 L1 设置为当前图层，调用"直线"命令绘制中心线，如图 7-62 所示，其中水平线的长度为 165 mm，垂直线的长度为 195 mm，垂直线距水平线左端点的距离为 97 mm，垂直线在水平线上方段的长度为 120 mm。

（2）调用"偏移"命令，将垂直中心线向左分别偏移 10 mm、15 mm、17 mm、20 mm、25 mm、26 mm、28 mm、40 mm、60 mm、90 mm，向右分别偏移 5 mm、10 mm、15 mm、17 mm、20 mm、22 mm、25 mm、60 mm；将水平中心线向上分别偏移 14 mm、17 mm、22 mm、27 mm、65 mm、75 mm、87 mm、114 mm，向下分别偏移 14 mm、17 mm、22 mm、27 mm、55 mm、70 mm。

（3）调用"修剪"命令，对图形进行编辑，并改变修剪后线的图层，结果如图 7-63 所示。

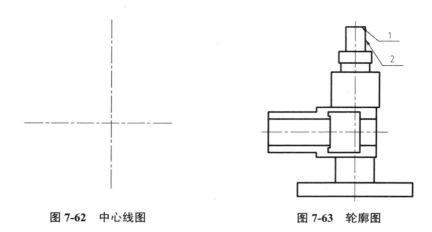

图 7-62　中心线图　　　　　　　　图 7-63　轮廓图

（4）调用"偏移"命令，将图 7-63 中的"1"线向下偏移 20 mm，"2"线向左偏移 9 mm。

（5）调用"修剪"命令，剪掉多余的线。

（6）将图层 0 设置为当前图层，调用"直线"命令，绘制如图 7-64 所示两对角线。

（7）调用"镜像"命令，选择偏移、修剪后的线及对角线为对象，选择垂直中心线为镜像线，结果如图 7-64 所示。

（8）调用"偏移"命令，将图 7-64 中的"1""2"线向下偏移 2 mm，"3""4"线向内偏移 1 mm。

（9）调用"打断于点"命令，将图 7-64 中的"1"线在其中点处打断（便于捕捉"1"线的 1/4 处点）。

（10）调用"圆弧"命令，使用"三点画弧"的方式绘制螺母的圆弧，第一点选中"1"线的偏移线与左边竖直线的交点，第二点选中"1"线的 1/4 处点（即打断后的"1"线左边段的中点），第三点选中"1"线的偏移线与竖直中心线的交点，绘制结果如图 7-65 所示。

（11）调用"修剪"命令，剪掉多余的线，并改变相应线的图层，得到如图 7-65 所示的结果。

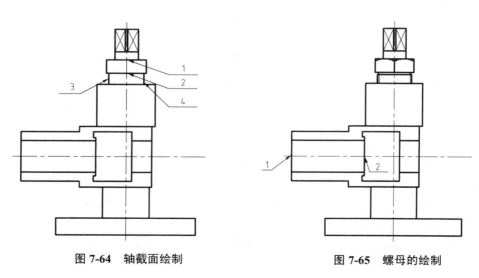

图 7-64　轴截面绘制　　　　　　　　图 7-65　螺母的绘制

（12）调用"偏移"命令，将图 7-65 中的"1"线向右分别偏移 25 mm、28 mm、30 mm；"2"线向左偏移 3 mm，向右分别偏移 3 mm、8 mm、9.5 mm；将水平中心线分别向上、下偏移 1.5 mm、11.5 mm、13 mm、14.6 mm、16.5 mm、19 mm。

（13）调用"直线"命令，绘制倒角，并调用"延长""修剪"命令编辑图形，最后改变相应线的图层，得到如图 7-66 所示的结果。

（14）调用"偏移"命令，将图 7-66 中的"1"线向上偏移 7 mm；"2"线向下偏移 7 mm；"3"线分别向左偏移 3 mm、22 mm、23.5 mm，向右偏移 4 mm、24 mm、26 mm；将水平中心线分别向上、下偏移 11.5 mm、13 mm、19.9 mm、25 mm。

（15）调用"打断于点""直线"命令，绘制倒角，并调用"修剪"命令编辑图形，最后改变相应线的图层（改变螺纹连接处的图层时，要用到"打断于点"命令），得到如图 7-67 所示的结果。

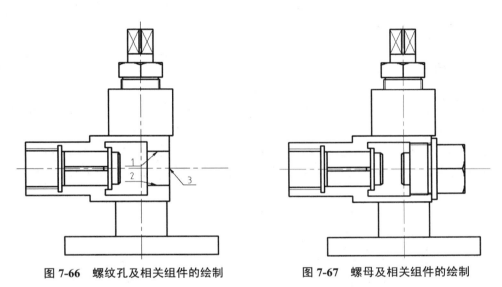

图 7-66 螺纹孔及相关组件的绘制　　　　图 7-67 螺母及相关组件的绘制

（16）调用"偏移"命令，将水平中心线分别向上、下偏移 15.5 mm，并调整偏移后线的长度，得到弹簧中心线。

（17）将图 7-66 中的"3"线向左分别偏移 18 mm、18.5 mm、22.5 mm、28 mm、32 mm、43.5 mm、44 mm，各偏移线与第（16）步弹簧中心线的交点即为圆的圆心位置。

（18）调用"圆"命令，任取一个圆心位置绘制 $R0.5$ mm、$R1$ mm 两个圆，并调用"复制"命令，将 $R0.5$ mm、$R1$ mm 两个圆复制到其他圆心处。

（19）调用"直线"命令，绘制圆的切线，结果如图 7-68 所示。

（20）调用"偏移"命令，将垂直中心线分别向左、右偏移 30 mm，并调整偏移后线的长度，得到两圆孔的中心线。

（21）调用"偏移"命令，将右边圆孔的中心线分别向左、右偏移 8 mm。

（22）调用"修剪"命令，对偏移后的线进行修剪，并将修改后的线调整到图层 L2 中，结果如图 7-69 所示。

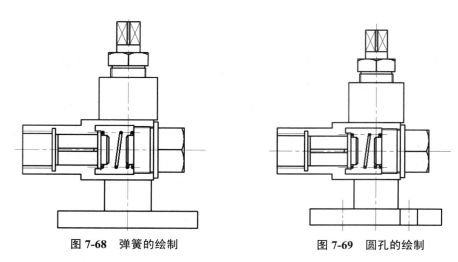

图 7-68　弹簧的绘制　　　　　　　　　　图 7-69　圆孔的绘制

（23）调用"圆角"命令，将倒角半径设为"2"（图 7-70 中"1""2"处的倒角半径为 1），进行倒圆角处理，结果如图 7-70 所示。

3）绘制剖面线

（1）将图层 0 设置为当前层，调用"样条曲线"命令，绘制对应的边界线，并利用"修剪"命令剪掉多余的线。

（2）调用"图案填充"命令，打开"图案填充和渐变色"对话框，图案选择"LINE"，角度设置为"45"，比例设置为"1"，选择相应的区域进行填充，如图 7-71 所示。

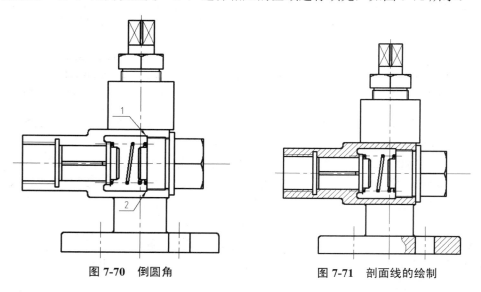

图 7-70　倒圆角　　　　　　　　　　图 7-71　剖面线的绘制

4）标注尺寸

（1）采用前面项目介绍的方法设置标注样式，将字体的高度设置为 5。

（2）将图层 L3 设置为当前层，调用"线性标注"命令，标出尺寸。

（3）调用"引线标注"命令，编写零件序号，结果如图 7-61 所示。

小　结

本项目介绍了绘制零件图、装配图的方法。

零件图的绘制步骤为：

（1）绘制零件视图（先绘制零件图基准线，再绘制零件大轮廓，然后绘制局部细节）。

（2）标注零件尺寸。

装配图的绘制方法有两种，既可以采用插入块绘制方法绘制（拼图法），也可以采用跟零件图一样的直接绘制的方法进行绘制。

拼图法的绘制步骤为：

（1）创建零件图块。

（2）插入图块（可以利用"设计中心"插入，也可以直接插入）。

（3）标注尺寸。

（4）编写零件序号。

练　习

一、选择题

1. 用下面哪个命令设置图形边界？（　　　）

A. GRID　　　　　　　　　　　B. SNAP

C. LIMITS　　　　　　　　　　D. OPTIONS

2. 样板文件的文件名为（　　　）。

A. *.DWG　　　　　　　　　　B. *.DWS

C. *.DWT　　　　　　　　　　D. *.DXF

3. 用于绘制箭头的命令是（　　　）。

A. PLINE　　　　　　　　　　B. LINE

C. XLINE　　　　　　　　　　D. MLINE

4. 在命令行中输入（　　　），可以徒手绘制图形、轮廓线及签名等。

A. POLYGON　　　　　　　　B. CIRCLE

C. SKETCH　　　　　　　　　D. ELLIPSE

5. 在 AutoCAD 2018 中，布局可以有（　　　）个。

A. 1　　　　　　　　　　　　B. 2

C. 3　　　　　　　　　　　　D. 用户任意设置

二、判断题

1. 在 AutoCAD 2018 中，注写文字"±18"，可以通过键盘输入"%%P18"。　　　　（　　　）

2. 绘制装配图只能采用设计中心拼画的方法。　　　　（　　　）

3. 构造线在绘图中既可以用作辅助线，又可以用作绘图线。　　　　（　　　）

4. 组成尺寸标注的各部分是一个对象实体。　　　　（　　　）

5. 在默认情况下，AutoCAD 2018 沿 45°方向绘制填充图案。　　　　（　　　）

三、简答题

1. 如何标注形位公差及配合尺寸？

2. 简述样板文件包括的一般内容。

四、操作题

1. 绘制题图 7-1 所示图形。

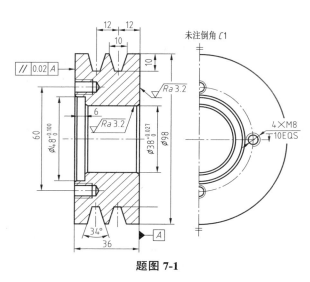

题图 **7-1**

2. 绘制题图 7-2 所示图形。

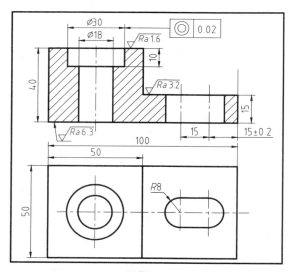

题图 **7-2**

3. 绘制题图 7-3 所示图形。

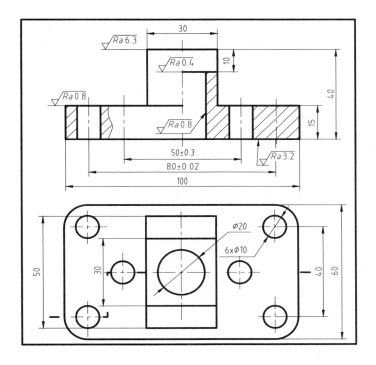

题图 7-3

4. 绘制题图 7-4 所示图形。

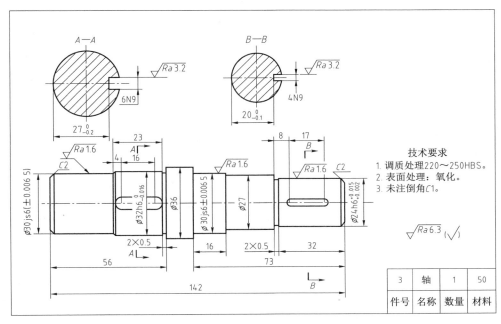

题图 7-4

参 考 文 献

[1] 刘宏丽，王宏. 计算机辅助设计——AutoCAD 教程[M]. 北京：高等教育出版社，2005.

[2] 安增桂，闫蔚，田耘，等. 机械制图（机械类专业）[M]. 北京：中国铁道出版社，2006.

[3] 宋昌平，田春霞. 最新 AutoCAD 使用指南 [M]. 北京：经济管理出版社，2006.

[4] 赵国增. 计算机绘图——AutoCAD 2004 习题集 [M]. 北京：高等教育出版社，2006.

[5] 陈在良，熊江. 计算机辅助设计——AutoCAD 2008[M]. 北京：高等教育出版社，2008.

[6] 张晓峰，常玮. 中文版 AutoCAD 2010 机械图形设计 [M]. 北京：清华大学出版社，2009.

[7] 刘力，王冰. 机械制图（第二版）[M]. 北京：高等教育出版社，2004.

[8] 张银彩，史青绿，王佩楷，等. AutoCAD 2008 实用教程. 北京：机械工业出版社，2008.

[9] 郭克希，袁果，等. AutoCAD 2005 工程设计与绘图教程 [M]. 北京：高等教育出版社，2006.

[10] 崔晓利，崔洪斌，赵霞. 中文版 AutoCAD 工程制图（2006 版）[M]. 北京：清华大学出版社，2005.